# DIE **SCHLECHTESTE ASSISTENTIN** DER WELT

REDLINE | VERLAG

Sona Movsesian

# DIE SCHLECHTESTE ASSISTENTIN DER WELT

**Wie man nur das Nötigste arbeitet und dabei unkündbar wird**

*Mit einem Vorwort der Talklegende* **Conan O'Brien**

**Bibliografische Information der Deutschen Nationalbibliothek**
Die Deutsche Nationalbibliothek verzeichnet diese Publikation in der Deutschen Nationalbibliografie. Detaillierte bibliografische Daten sind im Internet über http://dnb.d-nb.de abrufbar.

**Für Fragen und Anregungen**
info@m-vg.de

**Wichtiger Hinweis**
Ausschließlich zum Zweck der besseren Lesbarkeit wurde auf eine genderspezifische Schreibweise sowie eine Mehrfachbezeichnung verzichtet. Alle personenbezogenen Bezeichnungen sind somit geschlechtsneutral zu verstehen.

Originalausgabe
1. Auflage 2024

Türkenstraße 89
80799 München
Tel.: 089 651285-0
Fax: 089 652096


Die 1. Originalausgabe erschien 2022 bei Plume unter dem Titel *The World‹s Worst Assistant*.



Übersetzung: Bärbel Knill
Redaktion: Monika Spinner-Schuch
Umschlaggestaltung: Pamela Machleidt
Umschlagabbildung: Tak Boroyan
Satz: abavo GmbH, Buchloe
Druck: GGP Media GmbH, Pößneck
Printed in Germany

ISBN Print 978-3-86881-949-6
ISBN E-Book (PDF) 978-3-96267-544-8
ISBN E-Book (EPUB, Mobi) 978-3-96267-545-5

Wir produzieren nachhaltig
www.m-vg.de

*Weitere Informationen zum Verlag finden Sie unter*
www.redline-verlag.de
Beachten Sie auch unsere weiteren Verlage unter www.m-vg.de

# INHALT

*Für meine kleinen Männer, Charlie und Mikey,*
*ich hoffe, ihr erbt meine Arbeitsmoral nicht.*

*Und für Tak, ich hätte dies nicht ohne dich*
*schreiben können.*

*Ich liebe meine Männer.*

# VORWORT
## VON CONAN O'BRIEN

Seit Langem ist man sich darüber einig, dass das, was den *Homo sapiens* von den restlichen Myriaden Kreaturen der Erde unterscheidet, unser nie endendes Streben nach Perfektion ist. Unser beständiges Bedürfnis, unsere Lebensbedingungen zu verbessern – von der Höhle zur Hütte, von der Pyramide zur Burg und zum herrschaftlichen Anwesen bis zum Wolkenkratzer. Dieses Bedürfnis hat die Menschheit aus dem Sumpf der Ignoranz gezogen und uns – sprichwörtlich – an die Weltspitze gebracht. Die Griechen definierten »Exzellenz« in ihrer Weisheit mit dem Konzept der Göttin Arete, einem Seinszustand, in dem man all seine Kraft, Tapferkeit und Klugheit dazu nutzt, um Größe zu erringen. In der griechischen Mythologie ist Arete eine große Göttin, ganz in strahlendes Weiß gehüllt, die uns höher und immer höher bringt in unserem Streben nach der ultimativen Perfektion in allem, was wir tun.

Auftritt Sona Mosvesian. Sona, seit 13 Jahren meine Assistentin, findet, dass das Streben nach dem göttlichen Zustand der Arete »lahm« sei und dass es »sie mal kann«. Ich selbst kenne Arete auch nur deshalb, weil, als ich Sona bat, mir bei der Recherche für ihr Vorwort zu helfen, sie mir sagte, ich solle »aufhören, so ein Arsch zu sein und mir Zeug von Wikipedia ziehen«. Das tat ich dann auch, und so kennen wir jetzt beide diese Dame namens Arete. Ich wollte dieses Buch mit viel mehr

Recherche über die Geschichte der Arbeitsmoral und der Industriellen Revolution beginnen, aber wenn Sona und ich uns zusammentun, endet es meist so, dass ich allein vor Wikipedia sitze, während sie meine Kreditkarte benutzt, um eine Jumbo-Tüte Doritas Locos Tacos Supreme zu kaufen. Das, so werden Ihnen viele Youngsters erklären, ist eben die Art, »wie wir ticken«.

Der Titel dieses Buches – *Die schlechteste Assistentin der Welt* – mag vielen von Ihnen extrem übertrieben erscheinen. Ein billiger Marketingtrick, damit er einem an einem Flughafenkiosk ins Auge springt. Aber ich versichere Ihnen, der Titel dieses Buches ist auf schockierende Weise treffend. Sona ist in vieler Hinsicht eine absolut schreckliche persönliche Assistentin. Und damit meine ich nicht nur, dass sie schlecht oder faul ist – diese Worte sind viel zu ungenau. Sona ist eigentlich ziemlich brillant und unendlich kreativ darin, immer für ihr eigenes Wohl zu sorgen. Ich habe immer bewundert, wie hart die Gangster in dem Film *Goodfellas* arbeiten; sie bleiben wochenlang auf, nur um den Preis der billigen Zigaretten von einem Lastwagen in LaGuardia in die Höhe zu treiben. Mir wurde schließlich klar, dass diese Kriminellen sehr viel härter arbeiteten als die meisten Unternehmens-CEOs, denn ihre eigentliche Arbeit war die Erklärung ihres ungebrochenen Hasses gegen Vorschriften und gesellschaftliche Zwänge. Sona ist, genau wie jede Protagonistin in einem Kriminalfall, schlau genug, um sich an die Regeln zu halten und dennoch Erfolg zu haben, aber ihr Pakt mit dem Teufel hat sich an ein Leben mit schmutzigen Tricks, genialen, zeitraubenden Ablenkungen und einem unstillbaren Durst, es »denen zu zeigen«, gebunden. Glauben Sie mir, ich liebe es, wenn Leute es »denen zeigen« wollen, nur dass in dem Fall ich es bin, dem sie es zeigt.

Alles, was Sie hier gleich lesen werden, ist absolut wahr und real. Manchmal werden Sie laut ausrufen: »Feuer sie doch einfach, Conan! Sie macht dich komplett zum Deppen!« Doch die

Wahrheit ist, dass Sona ihre Superkraft als »Schlechteste Assistentin der Welt« erst 2009 entdeckte, als sie mich kennenlernte. Die Kriminologen glauben, dass viele Mörder-Duos aus zwei Menschen bestehen, die einzeln keiner Fliege etwas zuleide tun würden. Leopold und Loeb, Bonnie und Clyde, das Killer-Team in Capotes *Kaltblütig* – in all diesen Fällen verbinden sich zwei inaktive Moleküle und bilden einen tödlichen Organismus. Ja, Sona hatte die Fähigkeit, »schrecklich« zu sein, aber sie musste noch ihren Killer-Partner finden, einen Chef, der so haarsträubend, kindisch und unsinnig ist, dass wir zusammen eine verrückte Dynamik entwickeln konnten, die nur wenige begreifen können. In einer Zeit, in der Professionalität am Arbeitsplatz mit dem Mikroskop beäugt wird, sind Sona und ich kompromisslos und beharrlich idiotisch. Ich gebe Sona den Raum, Sona zu sein (siehe Buch), und sie gibt mir wiederum den Raum, ihr einen köstlichen Cupcake aus der Hand zu schlagen, just in dem Moment, als sie gerade hineinbeißen will (nur um das klarzustellen, ich achte mit großer Präzision darauf, *nur* den Cupcake zu erwischen; und wenn Sie gesehen hätten, wie sehr Sona diese herrliche Schokoladenköstlichkeit mit dem fluffigen Vanille-Topping wollte, hätten Sie verstanden, warum ich das unbedingt tun musste). Und ja, das Chaos, das Sona und ich mit dem modernen Arbeitsplatz angerichtet haben, ist ein gemeinsames Projekt – wir haben das gemeinsam ausgeheckt –, und wenn ich sie feuern sollte, würde sie sofort, ohne zu zögern, auch mich feuern.

An dieser Stelle in meinem Vorwort ist es sicher, dass Sona aufgehört hat zu lesen und die Sitzkissen ihrer Couch nach einem Weingummi absucht, den sie gestern Abend während ihres Serienmarathons von *Too Hot to Handle* verloren hat. Mit anderen Worten, ich kann jetzt einen letzten Punkt vorbringen, ohne dass Sona es schon wieder besser weiß, und dieser Punkt ist folgender: Ich vertraue Sona mein Leben an. Sie würde alles für mich oder meine Familie tun, und sie ist einer der aufrichtigsten und wirklich fürsorglichen Menschen, die ich kenne. Sie war mir eine unvorstellbar loyale Freundin in manchen ziemlich grauenvollen Zeiten, und ich schätze mich glücklich, sie an meiner Seite zu haben. Ich kann mir sogar vorstellen, wenn ich eines Tages auf dem Sterbebett liege und kurz davor bin, diese Welt zu verlassen, dass es Sona sein wird, die an meiner Seite sitzt. »Sona … es ist Zeit … hol meine Frau her«, werde ich stammeln, kaum noch in der Lage zu sprechen. »Ja, Conan«, wird Sona sehr anteilsvoll sagen, während sie sanft meine Hand tätschelt und ein stilles Gebet spricht. »Sei ganz ruhig, mein alter Boss, ich hole Liza jetzt gleich.«

Sona wird dann ruhig aus meinem Sterbezimmer spazieren und die Tür lautlos hinter sich schließen. Und in jenem Moment wird sie komplett vergessen, worum ich sie gebeten hatte, im Flur an meiner weinenden Frau vorbei und auf der Straße weiter bis zu Forever 21 gehen, wo sie einen Dreierpack Haar-Scrunchies mitgehen lassen wird. Ich meine, irgendjemand wird schon feststellen, dass ich nun doch tot bin, und Liza erzählen, dass ich gestorben bin, also was soll das ganze Riesengetue eigentlich?! Und werden bei Forever 21 diese drei scheiß Haar-Scrunchies wirklich fehlen?! Rutsch mir doch den Buckel runter, Mann!

Dies, werte Leserin und werter Leserin, ist die wunderschöne Lektion, die mich Sona jeden Tag lehrt.

**Conan O'Brien**
Oxford, England
(Nicht wirklich dort, aber es hört sich cool an)

# EINFÜHRUNG

DIE SCHLECHTESTE ASSISTENTIN DER WELT ZU SEIN, ist richtig Arbeit.

Es erfordert dieselben Nerven und dieselbe Hingabe, ein Buch zu schreiben und seinen Boss, eine Comedian-Ikone und einen gefeierten Autor, zu bitten, das Vorwort dafür zu schreiben, und dann mit irgendeinem Gefasel daran anzuschließen. Wenn Sie dieses Buch nur wegen des Vorworts gekauft haben, mache ich Ihnen deswegen keinen Vorwurf. Mir ist erst jetzt klargeworden, was für ein Fehler es war, jemanden um eine Einführung in dieses Buch zu bitten, der zweimal President des Harvard Lampoon* war, für *Saturday Night Live* und für die *Simpsons* geschrieben hat und viermal einen Emmy gewonnen hat. Ich habe nichts von alldem getan, aber die gute Nachricht ist: Ich werde für dieses Buch bezahlt, und er nicht. Also habe ich gewonnen.

Ich bin stolz darauf, zu wissen, dass mein Buch nun seinen Höhepunkt schon hinter sich hat. Ich mag es, wenn Sie dasselbe annehmen – auf diese Weise sind Ihre Erwartungen niedrig. Diese Taktik habe ich schon viele Male in meiner Karriere als Chefassistentin für Conan O'Brien angewandt: die Erwartungen *niedrig* halten.

---

* Anm. d. Übers.: Eine US-amerikanische Satire-Zeitschrift, die von der Harvard University in Cambridge, Massachusetts, herausgegeben wird.

Aber das war nicht immer so! Früher war es mein Ehrgeiz, *hohe Erwartungen zu wecken*. Und wie kam ich dann dahin, wo ich jetzt bin? Es ist nicht so, dass man eines Morgens aufwacht und denkt: »So, jetzt höre ich auf, mich anzustrengen.« Es ist ein schleichender Prozess, ein Prozess, den ich sehr gut kenne. Ich fing stark an: Ich arbeitete lange, riss mich zusammen, wenn es nötig war, und ging immer die Extrameile. Ich wollte die Leute, für die ich arbeitete, beeindrucken, damit ich aufsteigen konnte. Ich wollte beim Fernsehen Karriere machen und ich wollte groß rauskommen.

Dann wurde ich bequem. Je länger ich in einem Job war, desto mehr dachte ich: »Das ist doch gut genug«, und gut genug wurde zu »Das ist nicht ganz das, wohin ich wollte, aber ist doch auch ok«, und schließlich zu »Naja, jetzt bin ich eben hier«.

Dieses Buch zeigt alles auf, was ich darüber gelernt habe, wie man zur schlechtesten Assistentin der Welt wird. Meine einzige Hoffnung ist, dieses Wissen an zukünftige Generationen von Angestellten weiterzugeben. Sie fragen sich, wie man sich bei der Arbeit einen Spielfilm in voller Länge ansieht? Ich habe die Antwort. Sie möchten einen kurzen Powernap an Ihrem Schreibtisch machen? Ich zeige Ihnen, wie es geht. Noch wichtiger, Sie wollen aufhören, sich darüber Sorgen zu machen, dass Ihre Karriere nicht so schnell vorankommt, wie Sie dachten? Nehmen Sie sich einen Stuhl und setzen Sie sich, mein Freund.

Am College lernte ich noch Nächte durch und bestand an der USC (University of Southern California) mit Auszeichnung.

Letzte Woche verließ ich meinen Arbeitsplatz wegen einer kurzen Besorgung, wie ich dachte, und war dann drei Stunden weg.

Bei NBC brachte ich mir selbst die Grundlagen von Photoshop bei, damit wir Pressemeldungen für Pressekonferenzen und Parteien nicht mehr an die Grafikabteilung outsourcen mussten, was der Werbeabteilung Geld sparte und meine Rolle im Team stärkte.

Vor einem Monat vergaß ich, Conan einen Abzug der Monolog-Witze für die Show an diesem Tag zu geben, weil ich beim Sudoku-Rätsel der *New York Times* hängengeblieben war.

Marc Liepis, der zu der Zeit Pressesprecher der *Late Night with Conan O'Brien* war, hatte Conan kurz vor meinem Bewerbungsgespräch bei Conan bequatscht, dass ich so eine Spitzenkraft sei.

Letzten Montag habe ich es verpasst, ein neues Rezept für Conans Cholesterintabletten zu besorgen, weil ich zu sehr damit beschäftigt war, mir die Serie *Schitt's Creek* zum zweiten Mal in Dauerschleife reinzuziehen.

Dieses Buch beschreibt genau, wie mein Ehrgeiz den Bach runterging. Was ist passiert zwischen dem College und jetzt? Wie kann jemand, der früher so hart arbeitete, um einen Fuß in die Tür zu bekommen, als schlechteste Assistentin der Welt enden? Lesen Sie weiter, und ich zeige Ihnen eine ganz neue Welt, eine, wo Deadlines ignoriert werden, Professionalität nur selten gewahrt wird, und in der Sie nie eine Episode Ihrer Lieblings-Fernsehserie verpassen müssen.

Dies sind meine Memoiren und sie sind voller Tipps und Anleitungen, wie man wie ich wird. Was mir an Ehrgeiz und Antrieb fehlt, mache ich mit Großzügigkeit wett. Und jetzt möchte ich mich Ihnen vorstellen:

## Wer bin ich?

Ich bin Sona Movsesian. Ich arbeite seit 2009 für Conan O'Brien und ich bin nicht so toll in meinem Job.

Das Fernsehen war für mich immer eine Flucht, wenn auch eine Flucht vor gar nichts. Ich wuchs damit auf, dass ich *Sesamstraße, Mister Rogers* und *Reading Rainbow* guckte. Meinen Abschluss machte ich bei *Cheers* und den Wochenend-Programmen sowohl auf ABC als auch dem Pflicht-Fernsehblock auf NBC.

Meine Mutter und ich sahen uns zusammen *Beverly Hills, 90210* und *Melrose Place* an. Schließlich schaffte ich es zu HBO, und von da an waren sämtliche Träume von »produktiveren« Hobbys vorbei.

Buffy Summers faszinierte mich. Jordan Catalano war die Liebe meines Lebens. Wayne Arnold erinnerte mich an meinen Bruder.

Ich machte im ersten Jahr am College als Referat ein Gruppenprojekt über das Geschäftsmodell des Fernsehsenders HBO. Im zweiten Jahr im Seminar »Kreatives Schreiben« verfasste ich eine Ode auf die Fernbedienung.

Als ich im dritten Jahr am College war, erzählte ich jemandem, dass ich beim Fernsehen arbeiten wollte; man sagte mir, das würde ich nie schaffen, weil ich keine Beziehungen hatte. Das stimmte schon mit den Beziehungen, aber ich war überzeugt, dass mich das nicht aufhalten würde.

Ich ging nach der Highschool auf ein staatliches College, weil ich an keiner der Schulen genommen wurde, für die ich mich bewarb. Ich hatte die meiste Zeit meiner Highschool-Jahre damit verbracht, Häuser mit Eiern zu bewerfen und meine Hausaufgaben nicht zu machen. Wenn man Ende der Neunziger in Hacienda Heights, Kalifornien, lebte, morgens aufwachte und sein Haus mit Eiern beworfen vorfand, und wenn man nicht wusste, wer so etwas tun würde, und auch keine nennenswerten Feinde hatte, dann waren es meine Freunde und ich. Tut mir leid. Sie haben das nicht verdient. Zu der Zeit war mir nicht klar, wie viel Schaden es anrichtet, Häuser mit Eiern zu bewerfen. Eine Gedankenlosigkeit, die ich versuchte abzulegen, aber sie hat mich mein ganzes Leben lang verfolgt und plagt mich noch heute. Erst handeln, besonders, wenn es lustig ist; nachdenken kommt später.

Eines Tages verbrachten meine Freunde und ich den Abend damit, auf die Windschutzscheiben der Autos Herzen aus Schlagsahne zu sprühen, weil es kurz vor Valentinstag war. Wir merkten nicht, dass in einem der Autos zwei Leute saßen. Sie fuhren uns nach, hielten neben uns und konfrontierten uns. Was dann folgte, war ein Vorstadt-Autorennen in Höchstgeschwindigkeit, das einen Schaden von fast 5000 Dollar am Cadillac der Großmutter meines Freundes Mikey verursachte. Wir hängten sie schließlich ab, indem wir in einer Hauseinfahrt hielten, wo wir uns 45 Minuten lang versteckt hielten, bis wir das Gefühl hatten, die Luft sei rein. An dem Tag hatten wir eine Riesenangst, und von da an ließen wir die Lausbubenstreiche sein.

Als ich aufs College kam, brillierte ich. Ich weiß ehrlich nicht, warum mir meine Noten plötzlich so wichtig waren, nachdem sie mir jahrelang egal gewesen waren. Der Übertritt auf eine gute Hochschule wurde möglich.

Ich beschloss, mich auf der University of Southern California einzuschreiben. Dort sah ich eine Ausschreibung für ein Praktikum in der alternativen Programmabteilung bei NBC. Ich bewarb mich, ging zum Bewerbungsgespräch, bekam den Anruf mit der Zusage für das Praktikum und ging zu Taco Bell, um das zu feiern. Dieses Buch scheint mir eine ebenso gute Gelegenheit wie jede andere zu sein, um zuzugeben, dass ich keine Ahnung hatte, was zur Hölle ein »alternatives Programm« sein sollte, als ich mich bewarb. Mein zwanzigjähriges Hirn dachte, es seien Avantgarde-Filme, bis ich verstand (sehr viel später im Verlauf meines Praktikums, als ich zugeben möchte), dass die alternative Programmplanung im Wesentlichen jede Art Unterhaltungsprogramm abdeckt, das kein Episoden-Fernsehen war – wie Fernsehfilme, Sondersendungen, Kabarett-Sondersendungen und Reality-Shows. Das war das erste, aber nicht das letzte Mal in meiner Laufbahn, dass ich erfolgreich vorgab, zu verstehen. Stell niemals Fragen und tu immer so, als würdest du wissen, was du tust.

Da wir gerade davon sprechen, dass man so tut, als wisse man, wovon man spricht, würde ich nun gerne eine wissenschaftliche Theorie über die Arbeit als Assistentin in der Unterhaltungsbranche aufstellen (auch wenn diese Theorie eigentlich auf die Arbeit als Assistentin in jedem Bereich angewandt werden kann).

## Die Theorie vom menschlichen Tausendfüßler

Also, worum geht es denn nun in diesem Buch? Bin ich die schlechteste Assistentin der Welt, weil ich so schlecht im Job bin, oder trage ich diesen Titel, weil ich beschlossen habe, jede vorgefasste Vorstellung davon, was es bedeutet, jemandes Assistentin zu sein, über Bord zu werfen?

Wir haben schon so viele Bilder gesehen von Assistentinnen und Assistenten in Hollywood, die im Job schlecht behandelt wurden – von den komisch wirkenden, aber doch Stress vermittelnden Darstellungen, wie man die Anweisung bekommt, ein Essen zu bestellen, während man mitten in der Erledigung einer Aufgabe steckt, bis hin zur harschen und unmenschlichen Behandlung, wie sie in *The Assistant* beschrieben wird. Aber warum? Auch wenn manche dieser Beschreibungen im Vergleich zu den Erlebnissen des durchschnittlichen Assistenten vielleicht übertrieben sind: Die traurige Wahrheit ist, dass vieles davon wahr ist. Es gibt da draußen – genau in diesem Moment – einen Boss, der sich so monströs und missbräuchlich verhält wie der Boss in *The Assistant*. Irgendeine arme Assistentin wird in diesem Moment gerade wegen einer vergessenen Bestellung von Pommes Frites als Beilage beschimpft. Wenn man gerade frisch vom College kommt und sich aufmacht in die Welt, ist es schon erstaunlich, welches Verhalten man etablierten Leuten im Beruf zugesteht.

Als ich gerade den College-Abschluss gemacht hatte, riet mir jemand, in einer Agentur zu arbeiten, denn, wie er sagte, wenn ich es ein Jahr lang in einer Agentur aushalten würde, könnte ich mit allem fertigwerden. Ich hatte schon gehört, dass Agenten ihren Assistentinnen Druckergeräte nachwarfen. Das Anschnauzen wurde zum normalen Umgangston, wenn Männer wie Frauen mit ihren Untergebenen sprachen (und ist es noch immer). Ich habe schon immer verstanden, was die Arbeit in der Unterhaltungsbranche für eine Anziehungskraft hat, und ich habe auch viel dafür geopfert, aber wenn ein anderer Mensch mir einen Drucker nachwirft, ist das bei mir das Ende der Fahnenstange.

Als ich über dieses Buch nachdachte, und darüber, warum manche Assistenten es zulassen, dass sie misshandelt werden, und umgekehrt, warum manche Bosse in der Branche andere gerne misshandeln, erinnerte mich das an einen Film, den ich im Fond eines Tourbusses einmal mit meiner Freundin Meghan 2010 angesehen hatte, während wir auf der *Legally Prohibited from Being Funny on Television Tour* waren: *Der menschliche Tausendfüßler.*

*Der menschliche Tausendfüßler* ist eine schockierend-ekelerregende Geschichte von zwei Frauen, die eine Autopanne haben und so ins Haus eines furchteinflößenden Mannes geraten, mit dem kein normaler Mensch jemals ein Gespräch führen würde. Vom ersten Moment, in dem er auf der Bildfläche erscheint, verströmt er die unheimliche Aura eines verrückten Wissenschaftlers. Die Frauen erfahren, dass es sein Plan ist, sie mit einem weiteren Mann, den er gefangen hält, zusammenzuschließen, indem er sie After an Mund zusammennäht, so wie einen menschlichen Tausendfüßler.

*Aber Sona, was hat denn das jetzt mit der Unterhaltungsbranche zu tun?*

Dazu komme ich gleich.

Um sich zu ernähren, darf die erste Person des Tausendfüßlers normal essen, aber deren Ausscheidungen landen unglücklicherweise im Mund der Person dahinter, die keine andere Wahl hat, als sich von besagten Ausscheidungen zu ernähren.

Diese wiederum entleert ihren Darm in die dritte Person des Tausendfüßlers, die sich dann ins Freie entleeren kann. Bei meiner Theorie bleibe ich beim ersten Teil von *Der menschliche Tausendfüßler*, denn die anderen beiden laufen etwas aus dem Ruder, wie ich finde.

*Sona, ich will ja diese unglaublich verstörende Nacherzählung dieses unglaublich verstörenden Films nicht unterbrechen, aber ich versuche gerade, zu verstehen, worauf das Ganze hinausläuft.*

ICH SAGTE DOCH, DARAUF KOMME ICH GLEICH.

Okay, was will ich jetzt damit sagen?

Also, meine Theorie, die sich auf keinerlei Forschung, keinerlei wissenschaftliche Beweise und nichts wirklich Greifbares stützt, ist, dass man die Hierarchie in der Unterhaltungsbranche als metaphorischen menschlichen Tausendfüßler beschreiben kann.

Die Leute ganz vorne (Führungskräfte, Agenten, Produzenten) konsumieren. Sie verarbeiten das Konsumierte zu Galle und Exkrement, das sie, ohne dass jemand weiß warum, an die Menschen unter ihnen ausscheiden. Die in der Mitte haben keine andere Wahl, als das Exkrement zu konsumieren (zweite Stufe im Tausendfüßler), und scheiden dann wiederum auf die Leute am hinteren Ende aus. Diese Leute haben niemanden, auf dem sie ihre Ausscheidungen abladen könnten, und so verschwinden sie einfach in der Toilette und weinen heimlich.

*Sona, das ist … immer noch sehr verstörend. Was passiert denn, wenn man befördert wird?*

Man rückt vor in der Tausendfüßler-Kette. Man kann jetzt jemand anderem in den Mund scheißen. Und die Scheiße, die man schluckt, ist etwas näher an der Quelle. Es ist ein Kreislauf, der niemals endet. Essen, scheißen, essen, scheißen, befördert werden, gutes Essen bekommen, und dann, keiner weiß warum, weiterhin jemand anderem in den Mund scheißen, weil es das ist, was man vor sich hatte, und weil man nichts anderes kennt.

Ich habe es erlebt, dass Menschen andere schlecht behandeln, weil sie selbst schlecht behandelt wurden und glauben, es sei das Initiationsritual, jemand anderen wie Dreck zu behandeln. Wenn man nach ganz oben kommt, vermischt man das mit einer riesigen Menge an Macht und Einfluss, und man bekommt das Gefühl, man habe die Lizenz, die Menschen, die unter einem arbeiten, schlecht zu behandeln.

Wie können wir also dem menschlichen Tausendfüßler der Unterhaltungsbranche ein Ende bereiten? Ganz einfach. Wir können den bewussten Entschluss fassen, andere Menschen, mit denen wir zusammenarbeiten (Praktikanten, Personal Assistants, Assistenten), nicht wie Dreck zu behandeln.

Ich denke immer, die alte Garde der Unterhaltungsbranche stirbt langsam aus. Conan begann seine Laufbahn zusammen mit Greg Daniels – ein legendäres Autorenteam. Conan wollte nie Karriere machen. Er wollte einfach nur an Shows arbeiten, die er mochte und an die er glaubte. Für jemanden, der so klug und witzig ist wie Conan, war das auch wirklich möglich. Er war in der Lage, sich mit seinem Talent schon früh in seiner Laufbahn Respekt zu verschaffen; also hat ihm nie jemand in den Mund geschissen (soweit ich weiß). Als dann 16 Jahre nachdem er angefangen hatte, als Gastgeber einer Late-Night-Show zu arbeiten, diese laute, chaotische Frau in sein Leben kam, hatte er nie das Bedürfnis, mich schlecht zu behandeln. Wenn ich Fehler machte, behandelte er mich nie so, dass ich mich klein fühlte. Wenn er mich anmaulte, tat er es wie ein älterer Bruder, mit ständigem Gestichel und einer total nervigen passiv-aggressiven Tour, aber nie so, als hätte er das Recht, das zu tun, nur weil er mein Boss war.

Und jetzt kommt der wahre Grund, aus dem ich ein Buch schreiben wollte, das beschreibt, wie man eine schlechte Assistentin wird, im Klartext. Dies ist mein Rat für alle, die in die Unterhaltungsbranche wollen (oder jeden Bereich, in dem Chefs etwas aus dem Ruder laufen können). Lassen Sie nicht zu, dass Ihnen jemand in den Mund scheißt (ich meine das natürlich nicht wörtlich – was Sie in Ihrer Freizeit tun, geht nur Sie etwas an). Hier sind ein paar Hinweise, wie man mit einem unkontrollierten Chef umgeht:

1. Fahren Sie die Erwartungen herunter. Es ist 18 Uhr, und der Chef beauftragt Sie, für ihn einen Tisch im angesagtesten neuen Restaurant der Stadt um 19 Uhr zu reservieren. Haben Sie dort angerufen und wurden ausgelacht, weil es unmöglich ist? Haben Sie daran gedacht, zu dem Restaurant zu gehen und jemandem, der eine Reservierung für 19 Uhr hat, Geld für den Tisch anzubieten? Haben Sie daran gedacht, zu dem Restaurant zu gehen, direkt mit dem Manager zu sprechen und ihm so etwas wie Freitickets für ein Konzert anzubieten, wenn er es möglich machen würde, obwohl Sie gar keine Freitickets für irgendein Konzert haben, und dadurch nur noch mehr gestresst wären, weil Sie versuchen, Tickets für ein Konzert zu bekommen, das für jemanden, den Sie gar nicht kennen, attraktiv wäre? Hören Sie auf damit. Tun Sie das nicht. Sie können keine Reservierung bekommen. Manchmal ist es eben nicht möglich. Sagen Sie Ihrem Chef, Sie hätten es versucht, aber es war nicht möglich. Dann überlegen Sie sich ein anderes wirklich großartiges Restaurant, wo Sie leicht eine Reservierung bekommen, damit er eine vernünftige Alternative hat. Wenn er dann Anstalten macht, Ihnen in den Mund zu scheißen, machen Sie diesen fest zu. Heute nicht, Sir!

2. Sagen Sie Nein. Weist man Sie an, eine Praktikantin zu feuern, die Sie gerne mögen, weil sie die Frechheit besessen hat, dem Boss ins Gesicht zu sehen? Wenn Sie jemand anweist, etwas zu tun, das nicht richtig ist, und besonders etwas, was nicht Teil Ihrer Aufgabenbeschreibung ist, ist es in Ordnung, nein zu sagen. Im gleichen Zusammenhang sollten Sie sich

auch nicht scheuen, Dinge einzufordern, die Sie brauchen, zum Beispiel ausreichend Urlaub innerhalb der Richtlinien Ihres Unternehmens. Verpassen Sie nicht Großmutters Beerdigung, weil Sie für Ihren Chef noch die Socken sortieren müssen. Das hat Ihre Großmutter nicht verdient. Und Sie haben das Recht, sich mal einen Tag freizunehmen.

3. Zeigen Sie Ihrem Chef nicht, dass er Sie trifft. Wenn Sie einen superfiesen Chef haben, der es genießt, an der Spitze des Tausendfüßlers zu sein, lassen Sie ihn nicht wissen, dass er Ihnen Angst macht. Denn das darf nicht sein. Ich war immer von ein paar Leuten bei der Arbeit eingeschüchtert. Das ist ganz normal, wenn man gerade anfängt. Aber die beste Fähigkeit, die ich je bei der Arbeit gelernt habe, war, jemandem ganz offen zu sagen, wenn er oder sie sich mir gegenüber unverschämt benimmt. Es ist total in Ordnung, für sich selbst einzustehen, und es ist okay, von den Menschen, für die man arbeitet, mehr zu verlangen – Sie haben den Job ja schließlich bekommen, weil Sie dafür qualifiziert sind, und er will keine Zeit damit verschwenden, wieder jemand neuen einzuarbeiten. Also stehen die Chancen gut, dass man Sie nicht feuern wird, nur weil Sie für sich selbst einstehen.

Als ich darüber nachdachte, was mich zur schlechtesten Assistentin der Welt machte, war der erste Gedanke, der mir in den Sinn kam, dass ich nicht bereit bin, mein emotionales oder physisches Wohlergehen zu opfern, um voranzukommen. Das haben wir bei Assistentinnen in der Popkultur und im echten Leben gesehen – diese Vorstellung, dass wir uns selbst verlieren müssten, damit wir in einer so gnadenlosen Branche Erfolg haben könnten. Ich habe das nie getan. Ich habe einmal eine Zeitlang in der Werbung gearbeitet und war dort Assistentin von zwei total gestressten Menschen, und die ließen ihren Stress an mir aus. Ich hielt zwei Monate durch, bis mir klar wurde, dass es das nicht wert war, und dass es auch mich unglücklich machte, wenn ich mir die Last ihres Unglücklichseins aufbürdete; und auch wenn ich meinen Job gut machte, litten mein psychisches Wohlergehen und meine Zufriedenheit im Job. Was ich in der Zeit entdeckte, in der ich für Conan arbeitete, war, dass ich diese festen Vorstellungen darüber, was eine traditionelle Assistentin tun sollte, aufgeben konnte, und für mich das meiste aus meiner Position machen konnte.

Ist es möglich, dass Sie durch diesen Rat gefeuert werden? Leider ja. In einer Branche, in der sich Chefs berechtigt fühlen, diejenigen zu terrorisieren, die für sie arbeiten, werden es manche gar nicht freundlich aufnehmen, wenn Sie sich weigern, Scheiße zu fressen. Aber ist es die schlechte Behandlung wert? Wie viel von Ihrem Selbstwertgefühl sind Sie bereit aufzugeben, um jemand anderen zu beschwichtigen? Was ich damit sagen will, ist Folgendes: Sie müssen nicht das Ende des Tausendfüßlers sein.

Sie können der Teil des Tausendfüßlers sein, der ausbricht. Sie können essen, was Sie wollen, und in die Toilette machen. Okay, diese Analogie hat mich jetzt zu weit geführt, aber was ich sagen will, ist, die schlechte Behandlung kann bei Ihnen aufhören. Hier kommt eine neue Generation von Angestellten – alles, was dazu nötig ist, ist ein Mensch, der auf Twitter etwas Schlechtes über eine andere Person sagt, und diese Person kann zum Geächteten werden. Es ist erschreckend und es ist wunderbar. Reißen wir uns von den Hinterteilen der Leute los, die uns unterdrücken wollen, und stehen auf! Es weiß doch sowieso schon jeder, dass es die Assistentinnen sind, die Hollywood und die Medien in New York City am Laufen halten.

Ich persönlich liebe die Veränderungen, die gerade passieren – nicht nur in der Unterhaltungsbranche, sondern in allen möglichen Branchen. Die Menschen beginnen zu begreifen, dass sie sich nicht schlecht behandeln lassen müssen oder sich mit einem minimalen Gehalt abspeisen lassen müssen, um voranzukommen. Wir können in einer Welt leben, in der die Menschen einander mit Respekt und Freundlichkeit begegnen, und in der sie einen Lohn bezahlt bekommen, von dem sie leben können. Harvey Weinstein ist ein Monster und ein Missbraucher, und jetzt geht er ins Gefängnis. Bill O'Reilly hat regelmäßig Leute angeschrien, und jetzt wird er nicht mehr gesendet. Es ist in Ordnung, in einer stressigen Branche anständig zu sein. Wenn es mich zur schlechtesten Assistentin der Welt macht, dass ich mich weigere, mir den Mund an den Arsch eines anderen annähen zu lassen, dann soll es eben so sein.

Ach nein, halt, Moment mal. Eigentlich muss ich schon ehrlich sein. Ich bin auch manchmal furchtbar schlecht in meinem Job.

Aber ich war nicht schon immer furchtbar schlecht in meinem Job. Es war ein ziemlich langer Weg bis zu diesem Punkt.

## Beruflicher Werdegang

Als ich meinen College-Abschluss machte, hatte ich einen Lebenslauf mit bunt gemischten Erfahrungen aus Jobs und Praktika in der Unterhaltungsbranche. Welche beeindruckenden Berufserfahrungen wird die Assistentin eines der beliebtesten Komiker wohl haben, denken Sie jetzt vielleicht. Werfen wir also einen Blick auf den glorreichen Lebenslauf, der mich zu meinem Traumjob brachte.

### Karrierestart mit Whopper

Als ich 16 war, bekam ich im Sommer zwischen meinem dritten und vierten Jahr an der Highschool einen Job im nahe gelegenen Burger King. Ich trug ein grünes Polohemd mit schwarzen Streifen, schwarze Hosen, schwarze Schuhe, die aussahen wie orthopädische Schuhe, und eine Schirmmütze. Keine Ahnung, wie mir die Männer da widerstehen konnten. Es gibt keine Fotos von mir in diesem Ensemble. Ich begann am Verkaufstresen und empfand dann einen erschreckenden Stolz, als man mich ans Drive-thru-Fenster versetzte. Der Drive-thru ist nichts für schwache Nerven – das Ziel ist, innerhalb von 30 Sekunden den Kunden abzukassieren und ihm sein Essen zu liefern. Ich war noch nie so stolz auf meine Leistung gewesen wie damals, wenn ich auf die Uhr sah und feststellte, dass ich dieses Ziel erreicht hatte. Ich sah mich um, um mit jemandem High-Five zu machen, aber es war nie jemand in meiner Nähe. Sie taten alle so, als ob der Sieg, den ich errungen hatte, keine große Sache sei. Ich wollte, dass jemand meinen Erfolg mit mir feierte, aber da alle mit ihren Jobs beschäftigt waren, feierte ich für mich alleine. Es gab jede Menge Faustpumpen und ein für mich selbst geflüstertes »Du bringst es mal wieder voll, Sones«.

Und was habe ich nun daraus gelernt? Wie hat mich diese Erfahrung im Job auf meine Aufgabe als Conans Assistentin vorbereitet? War es das Arbeiten unter Zeitdruck, oder vielleicht eine straffe Deadline einzuhalten? Natürlich nicht. Es war die Tatsache, dass ich mir selbst gratulierte. Wenn Conan mit seinen neuesten Sprüchen beschäftigt ist, besonders solche auf meine Kosten, bei denen alle über mich lachen, gehe ich zurück an meinen Schreibtisch, mache eine Faustpumpe und flüstere leise »Du bringst es mal wieder voll, Sones«. In den Augenblicken, wenn ich mich nach jemandem umsah, um meine Drive-thru-Siege zu feiern, wurde mir klar, dass für mich die wichtigste Person für jede Form von Wertschätzung oder Schulterklopfen ich selbst bin. Hilft mir das für mein Selbstwertgefühl? Nicht wirklich. Ist das traurig? Ja, ist es.

Machen wir weiter.

## Wie ich lernte, bei der Arbeit zu schlafen

In meinem letzten Jahr an der Highschool und meinem ersten am College arbeitete ich in einem Uhrenladen in der Puente Hills Mall namens Tic Time. Es war ein Mall-Job, was bedeutete, dass während der Woche totale Flaute war und abends und am Wochenende total überlaufen. Was noch wichtiger war, es bedeutete auch, dass ich für die Essensstände einen Mitarbeiterrabatt bekam. Ich aß jeden Tag Teriyaki-Chicken-Bowls. Und warum nicht Genghis Khan Mongolian Grill, oder vielleicht die Great Steak & Potato Company, oder Sbarro, oder sogar Panda Express? Weil der Teriyaki-Bowl-Laden gleich ein Stockwerk darüber war, und alle anderen Essensstände waren ganz am anderen Ende der Mall. Wenn ich sage, mein Lebenslauf war glorreich und bereitete mich darauf vor, Hand in Hand mit den größten Stars von Hollywood zu arbeiten, dann ist es dies, was ich meine.

Im Uhrenladen war es meine Aufgabe, Kunden zu empfangen und zu versuchen, ihnen die neuesten Fossil- oder Seiko-Modelle zu verkaufen. Wenn ich gerade besonders übermütig drauf war, verkaufte ich eine Rado. Man hatte mir gesagt, dass man Rado-Uhren aus demselben harten Metall macht, das man auch für Spaceshuttles verwendet. Ich weiß nicht, ob das stimmt, aber es gab praktisch keine Lüge, die ich nicht erzählt hätte, um eine Uhr zu verkaufen. Aber der Job war relativ ruhig. Es gab lange Phasen am Tag, in denen niemand hereinkam, und es lag an uns, wie wir uns dann beschäftigten. Man konnte die Glasscheiben der Auslagen nur soundso oft am Tag polieren, also begann ich zu lesen. In einem Sommer begann ich, *Helter Skelter* zu lesen, was, nebenbei bemerkt, das denkbar schlechteste Buch für jemanden ist, der im Einzelhandel arbeitet. Nichts sagt so sehr »kauf eine Uhr«, wie wenn man sieht, dass die Verkäuferin ein Buch über Massenmorde liest, die von einer Drogensekte in den Sechzigern verübt wurden. Manchmal, wenn es besonders ruhig war, legte ich mich hinter dem Tresen ab, schloss die Augen und entspannte mich tief.

Also gut. Ich schlief. Ich machte ein kurzes Schläfchen.

Unter all dem Glamour, all den Lügen den Kunden gegenüber und dem Erschrecken der Kunden durch meine Buchauswahl kann man meine Arbeit bei Tic Time auf einen einzigen Moment zusammenschrumpfen – einen ganz einfachen Moment. Ein Paar kam herein, um die Batterie einer Uhr austauschen zu lassen.

Es kam manchmal vor, dass jemand hereinkam, um eine Batterie austauschen zu lassen. Das ist eigentlich ein einfacher Job, aber aus irgendeinem Grund hatte ich einen Horror davor. Wenn eine Batterie einfach auszuwechseln war, machten wir es im Laden. Wenn sie ein kompliziertes Batteriefach oder eine schwierige Glasfassung hatte, mussten wir die Kundendaten aufnehmen und sie irgendwo hinschicken, um das machen zu lassen. Keine Ahnung, wohin. Die Uhr verschwand an einem Tag und war am nächsten Tag einfach irgendwie wieder da. Es kann aber auch sein, dass jemand, der wusste, wie man Batterien austauscht, einfach herkam und es machte. Ich achtete nie auf die Dinge, die um mich herum vor sich gingen. Jedenfalls kam dieses Paar herein, bat mich, die Batterie auszutauschen. Und die Uhr hatte ein schwieriges Glas, aber aus irgendeinem Grund dachte ich mir an diesem Tag, »Ach komm, was soll's« und versuchte es selbst. Als ich die Uhr auf die Vorrichtung legte, die die Abdeckung der Batterie wieder auf die Uhr drückte, zerbrach das schöne, komplizierte Glas einfach.

Ich stand da und überlegte mir, was ich sagen konnte, um zu vertuschen, was ich gerade getan hatte. Ich wurde panisch und fing fast an zu heulen, hier mitten im Tic Time. Ich überlegte mir Ausreden, bei denen es an der Uhr lag. Konnte ich dem Paar die Schuld in die Schuhe schieben? Nein, aber ich überlegte mir, wie ich das tun könnte. Ich stand da gefühlte Stunden lang, auch wenn es nur Minuten waren, starrte auf diese Uhr mit dem jetzt zerbrochenen Glas und überlegte mir, was ich sagen könnte, was die Schuld von mir abwälzen könnte. Ich ging zu ihnen hin und sagte:

»Es tut mir leid. Als ich Ihre Uhr in die Vorrichtung zur Versiegelung der Abdeckung gelegt habe, habe ich das Glas zerbrochen. Ich bin untröstlich. Wir werden die Kosten für die Reparatur übernehmen, und ich werde meinem Chef natürlich sagen, was ich getan habe.«

Und sie zuckten mit den Schultern, lächelten und sagten: »Ist ja nicht so schlimm. So etwas passiert eben mal.«

Wer zur Hölle waren diese Leute? Kein Ärger, keine Frustration, einfach nur volles Verständnis. War Ehrlichkeit wirklich die Art, wie man alles, was schiefläuft, angehen sollte, oder waren diese Leute nur einfach krank? An diesem Tag bekam ich wirklich eine ganze Menge zum Nachdenken.

Nach diesem Vorkommnis sagte ich jedes Mal, wenn ich etwas bei der Arbeit falsch gemacht hatte, die Wahrheit darüber, es war wie so ein masochistisches Ding. Einfach reine, unverblümte Ehrlichkeit. Es geht inzwischen sogar so weit, dass ich mich sogar entschuldige und die Verantwortung übernehme, wenn ich selbst gar nichts falsch gemacht habe, sondern nur oberflächlich irgendetwas damit zu tun habe. Überraschenderweise wurde das zu einem immer größeren Vorteil, je weiter ich in der Arbeit die Messlatte nach unten setzte. Wie kann man jemandem böse sein, der seinen Fehler zugibt und sich entschuldigt? Kann man nicht. Wenn es etwas gibt, worin ich im Job wirklich gut bin, dann darin, meine Fehler zuzugeben.

## Wie ich beinahe erwachsen wurde …

Als ich am College war, hatte ich verschiedene Jobs. Der erste war als Tutorin. Einer der Studenten, für die ich Tutorin war, war ein Footballspieler für das College, und ich weiß noch ziemlich genau, wie er versuchte, mich zu überzeugen, dass bei der verkürzten Form »won't« (*für »will not«, wird nicht, Anm. d. Übers.*) kein Apostroph gesetzt wird. Er war aber sehr schön, also war es mir egal. Und diese Arme. Wen kümmern schon

Apostrophe, wenn man solche Arme hat? Das Einzige, was ich bei diesem Job wirklich lernte, war, wo man Kommata setzt, und dass ich bei attraktiven Männern schlechte Grammatik schon mal durchgehen lasse. Auch, dass ich vielleicht nicht gerade dazu geboren war, Tutorin zu sein …

Ich machte weiter mit anderen Studentenjobs, als ich an der USC war.

Ich hatte mich über das Finanzhilfeprogramm für ein duales Studium qualifiziert und bekam eine Anstellung beim College of Letters, Arts and Sciences in der Abteilung für Öffentlichkeitsarbeit. Ich liebte diesen Job, und es war das erste Mal, dass ich eine Gehaltserhöhung bekam. Ich arbeitete dort zwei Semester lang und tat tatsächlich die Arbeit, die man mir aufgetragen hatte. Es fühlte sich wie eine persönliche Weiterentwicklung an, vielleicht, weil es das auch war.

## … bis ich von einem Wahrzeichen von Los Angeles gefeuert wurde

Die nächste glamouröse Station auf meinem Weg zur sehr angesagten Fernsehassistentin war die Arbeit an der Hollywood Bowl*. Als ich mich bei der Hollywood Bowl bewarb, hatte ich die Vorstellung, dass ich meinen Job tun würde und dann irgendwo versteckt im Hintergrund stehen und die ganzen Shows in der Bowl ansehen könnte. So war es dann aber nicht.

Ich arbeitete in einem der vier Verkaufsstände auf dem Gelände, zusammen mit Ehrenamtlichen, die fast alle Rentner waren. Sie waren immer so nett und freundlich. Dann, wenn die Show anfing, zogen diese Mistkerle ihre Schürzen aus und spurteten zur Bowl, um sich die Show anzusehen, und ließen mich, die bezahlte Angestellte, dort im Verkaufsstand sitzen und verrotten, während ich darauf wartete, dass jemand die

* Anm. d. Übers.: Die Hollywood Bowl ist eine der größten natürlichen Freilichtbühnen nach dem Vorbild der antiken griechischen Theater.

Show verließ, um etwas zu kaufen. Ich hatte noch nie im Leben so eine FOMO*. Ich war noch nie so neidisch auf alte Leute gewesen.

Ich bekam immer die Nachmittagsschicht, die gegen 14 Uhr anfing und normalerweise gegen 23 Uhr endete, also war nie Zeit, danach noch irgendetwas zu unternehmen. Versuchen Sie mal, sich für einen Moment in meine Lage zu versetzen: Sie sind komplett gebunden an die Hollywood Bowl, haben keine Zeit, zum Strand oder ins Kino zu gehen, oder einfach etwas Zeit mit diesem Kerl zu genießen, den Sie wirklich nett fanden und der Ihnen keinen großen Hinweis darauf gab, ob er ebenso empfand, sondern sehr gerne mit Ihnen Burger holen gegangen wäre, und Sie haben das so interpretiert, dass es heißt, er mag Sie, weil Sie dann praktisch die ganze Zeit miteinander reden würden, aber jedes Mal, wenn ein Moment kam, in dem er einen Annäherungsversuch machen konnte, machte er es nicht, vielleicht weil er super schüchtern war, aber das brauchte er an diesem Punkt gar nicht zu sein, weil Sie es mehr als deutlich machten, dass Sie total offen dafür wären, wenn Sie beiden in Ihrer Beziehung auf die nächste Stufe kommen würden, und Sie würden bis spätabends aufbleiben und sich fragen, ob Sie selbst nicht einfach einen Annäherungsversuch machen sollten, aber dann trauten Sie sich nicht, weil Sie sich selbst vor sich sahen, wie Sie den Versuch machen, und wie er Sie zurückweist, und Ihnen wurde klar, Ihr Ego würde sich davon niemals erholen, also taten Sie nichts.

Jedenfalls, wovon habe ich gerade gesprochen? Ach ja, die Hollywood Bowl. Im Juli besorgte ich ein paar Freunden Tickets für Röyksopp, Basement Jaxx und Bossacucanova. Von meinem entfernten Standpunkt am Verkaufsstand aus konnte ich sagen, dass es das lauteste und aufregendste Konzert war,

---

* Anm. d. Übers.: FOMO meint „»fear of missing out« – also die Angst, ein spannendes, interessantes Erlebnis zu verpassen.

das ich je gehört hatte. Ich konnte die farbigen Laserstrahlen am Himmel sehen, und Rauch, der über die sehr hohen Mauern hinausquoll, die mir die Sicht auf das verstellten, was allem Anschein nach das großartigste Konzert der Saison war. Ich hörte die Leute kreischen vor Freude, und jeder, der auf die Toilette ging, bewegte sich im Laufschritt dorthin und schnell wieder zurück in die Bowl, mit dem glücklichsten Gesichtsausdruck, den man sich vorstellen kann, als hätten sie gerade einem elektronischen Musikwunder beigewohnt, das nur einmal im Leben stattfindet.

Es gibt nichts Schöneres, als allein in einem kleinen Verkaufsstand zu sitzen und 17000 Menschen zuzuhören, wie sie den Spaß ihres Lebens haben. Doch um dem Schaden noch den Spott hinzuzufügen, kam einer unserer Manager heraus, verschwitzt und außer Atem, mit einem breiten Grinsen im Gesicht, als wäre er gerade beim besten Rave seines Lebens gewesen, und sagte: »Das ist DER WAHNSINN da drinnen!« Dann erzählte er mir, dass zum ersten Mal in den Jahren, in denen er an der Hollywood Bowl arbeitete, die Anwohner in den nahe gelegenen Häusern in den Hills anriefen und sich über den Lärm beschwerten.

Einem solchen Konzert so nahe und doch so fern zu sein, war für mich Folter. Das konnte ich nicht noch einmal durchmachen.

Ich hatte den Managern schon gesagt, dass ich im August mit meinen Cousins eine Reise nach Australien geplant hatte. Also fragte ich das Management, was ich da tun sollte. Zwei Wochen Auszeit während eines Saison-Jobs zu beantragen, ist heftig, also dachte ich, sie würden mir sagen, ich solle einfach nicht mehr wiederkommen. Aber das taten sie nicht. Ich hatte die Reise eigentlich als Ausrede benutzt, um zu kündigen und noch zu genießen, was mir vom Sommer blieb, aber sie sagten mir, sie würden mir den Job freihalten, bis ich wieder da wäre. Verdammt.

Aber als ich von Australien zurückkam, war ich komplett durch mit der Vorstellung eines Sommerjobs. Ich brauchte meinen Sommer, und ich brauchte meine Freiheit, aber sie hatten mir den Job freigehalten, und jetzt konnte ich nicht einfach aufhören. Also tat ich das, wovon ich dachte, es sei nicht ganz so schlimm, und ging nach ein paar Wochen einfach nicht mehr hin. Ich dachte, es würde mich zu einem schrecklichen Menschen machen, wenn ich einfach so kündigte. Was sollte ich überhaupt sagen? Das ist so, wie wenn man mit jemandem zusammen ist, und man will mit ihm nicht Schluss machen, weil es zu hart wäre und eine unangenehme Konfrontation nach sich ziehen würde, also fängt man einfach an, ein schrecklicher Partner zu sein, in der Hoffnung, der andere wird es irgendwann kapieren und Schluss machen. Ich wollte, dass die Hollywood Bowl mit mir Schluss machte, weil ich zu unreif und dumm war.

Der Labor Day war eines der Wochenenden mit dem meisten Betrieb und meine Freunde planten einen Ausflug nach Palm Springs. Was für eine perfekte Gelegenheit, meinen unglaublich verständnisvollen und freundlichen Chefs ans Bein zu pinkeln, und IHNEN den Gefallen zu tun, ihnen die perfekte Gelegenheit zu geben, mich zu feuern. Ich rief am Freitag mit einer lahmen Ausrede an, dann wieder am Samstag, und am Sonntag schließlich riefen sie mich an und sagten, sie bräuchten meine Dienste nicht mehr länger. Gern geschehen, Hollywood Bowl! Ihr habt mir meinen Job während einer sehr kurzen Saison zwei Wochen lang freigehalten und ich habe es euch mit einer schrecklichen Arbeitsmoral und dem absoluten Fehlen von Kommunikation gedankt.

Was habe ich aus diesem Desaster gelernt, das dazu geführt hat, dass ich bei Conan arbeite?

Ähm, nichts. Bei der Arbeit erscheinen? Stell deinen Schreibtisch nicht weiter als ein paar Meter weg von einer legendären Bühne und erwarte, dann noch irgendetwas gebacken zu kriegen? Das Wichtigste, glaube ich, war: Sei kein Arschloch. Jahrelang habe ich mich vor mir selbst damit gerechtfertigt, dass ich es meiner Jugend ankreidete. Aber als ich dieses Buch schrieb, schrieb ich meinen Cousins und fragte sie, wann wir in Australien waren, und es stellte sich heraus, dass ich kein unreifer Teenager war, sondern Anfang zwanzig, was das Narrativ verändert, von »ich war noch jung und dumm« zu »ich war alt genug, um es besser zu wissen«. Es gibt keine Entschuldigung für das, was ich getan habe, und ich denke jedes Mal daran, wenn ich zur Hollywood Bowl gehe und den armen Tropf von Saisonarbeiter sehe, der in dem kleinen Verkaufsstand sitzt und zusieht, wie alle in die Arena strömen, um sich eine denkwürdige Show anzusehen.

Ich wartete ein paar Jahre, bis ich Conan die Geschichte erzählte, wie ich damals von der Hollywood Bowl gefeuert wurde. Er war zwar verständlicherweise entsetzt, aber dennoch amüsiert.

## Mein erster Job nach dem College

Nach meinem College-Abschluss arbeitete ich bei einem Forschungsunternehmen, das spezialisiert auf den Unterhaltungsbereich war. Es hörte sich beeindruckend an, wenn ich es anderen erzählte, aber es konnte nicht weiter von dem entfernt sein, wo ich wirklich hinwollte. Wie war ich bloß in einem Forschungsjob gelandet, den ich gar nicht wollte? Vielleicht, weil ich, wenn ich gefragt wurde, – da ich nicht wusste, was ich wollte –, immer mit den Schultern zuckte und sagte: »In die Forschung gehen?«

Die Fahrt zur Arbeit betrug zwei Stunden einfach, und dann arbeitete ich in einem Büro mit Leuten zusammen, mit denen ich gar nichts gemeinsam hatte. Nach etwa drei Tagen wollte ich da raus. Nach weiteren anderthalb Wochen ging ich als Erstes zu meiner Chefin und sagte ihr, dass es einfach nicht funktionierte. Zur Mittagszeit am selben Tag noch bekam ich einen Anruf vom Page Program bei NBC (*ein Stipendium für 12 Monate beim Sender NBC, Anm. d. Übers.*), bei dem man mir mitteilte, dass ich als *Page (Stipendiatin, Anm. d. Übers.)* in das Programm aufgenommen war. Ich hatte sechs Monate zuvor dort ein Bewerbungsgespräch gehabt, also hatte ich es ehrlich gesagt einfach vergessen, bis sie mich anriefen.

Ich habe aus dem Unterhaltungsforschungs-Job nichts gelernt. Ich war nicht lange genug dort, um mehr zu erfahren, als wo sie ihr Büroartikellager hatten.

## Als es auf allen Ebenen klick machte

Ich liebte es, ein NBC-Page zu sein. Ich bekam direkte Einblicke, wie Fernsehshows entwickelt werden. Da ich ohnehin nicht genau wusste, was ich tun wollte, war das für mich perfekt. Das Einzige, was ich daran nicht mochte, war die Uniform. Als Page trug ich fast genau das gleiche Outfit wie Kenneth the Page in der Serie *30 Rock* – ein weißes Button-down-Hemd, einen blauen Polyester-Blazer und eine Krawatte mit Pfauenmuster. Der einzige Unterschied war, dass zu meiner Uniform noch ein schlecht sitzender grauer Rock und schwarze Nylonstrümpfe gehörten. Es war genauso schlimm, wie Sie es sich jetzt vorstellen.

Ich hasste diese Uniform.

Sechs Wochen lang trug ich sie, um Führungen zu machen. Wir wurden dafür ausgebildet, indem wir andere Pages begleiteten, die Führungen gaben, und ich muss zugeben, dass sehr viel von den Informationen, die ich vermittelte, wenn ich selbst die Führung machte, nicht stimmten oder erfunden waren. Manche von den Lügen waren wie Witze, die über Generationen von Pages weitergegeben wurden. Andere waren Originalmaterial von mir. Wenn Sie 2006 eine Führung durch die Burbank-Studios von NBC mitgemacht haben und Ihre Führerin ein Mädchen mit lockigen Haaren und leicht derangierter Uniform war, dann war das meiste von den Informationen, die Sie bekamen, nicht wahr. Nein, das NBC-Gebäude in Burbank war architektonisch nicht so konstruiert, dass andere Sender nicht durch die Fenster sehen und deren Ideen ausspionieren konnten. Und nein, Johnny Carson hatte kein Solarium in der Garderobe, das er vor jeder Show benutzte. 90 Prozent von dem, was ich sagte, war erfunden. Tut mir leid.

Jedenfalls gab ich Führungen über das NBC-Gelände in Burbank, ein ästhetisch wenig ansprechendes Gelände, aber dort fanden Sets statt, die die Leute bei Führungen immer sehen wollten. Sets für Shows wie *Days of Our Lives, Access Hollywood* oder *The Tonight Show with Jay Leno*. Das ist alles. Das war die Führung. Wir durften nicht ins aktuelle Set von *Days of Our Lives* gehen, weil die Touristen immer Sachen mitgehen ließen. Also blieben wir vor der Bühnentür stehen, hinter einer gelben Linie, und versuchten einen Blick auf ein nichtssagendes Set zu erhaschen, das größtenteils durch große Holzwände verstellt war, und ich sagte: »Und das ist das Set für *Days of Our Lives*!« Die Leute in meiner Führung verrenkten sich immer den Hals, um hineinschauen zu können. Wir blieben etwa drei Minuten dort stehen und gingen dann weiter. Wenn Sie zu den Unglücklichen gehörten, die die Führung am späten Nachmittag machten, waren sowohl das Set für *Access Hollywood* als auch das für die *Tonight Show with Jay Leno* wegen Dreharbeiten geschlossen, also war alles, was Sie zu sehen bekamen, die Außenwände des Sets für *Days of Our Lives*. Nicht so wirklich das Aufregendste, was man im Leben sehen konnte.

Ich hatte immer ein schlechtes Gewissen dabei, aber auf einer meiner Führungen stand zufällig Bryan Dattilo, der Lucas Horton in *Days of Our Lives* spielt, vor dem Studio, und zwei Frauen in meiner Führung FLIPPTEN TOTAL AUS. Sie fingen fast an zu weinen. Dattilo war sehr freundlich und war bereit, ein Foto mit ihnen zu machen und redete ein wenig mit ihnen, und einer machte er sogar ein Kompliment wegen ihres Parfums. Ich habe nie im Leben zwei Frauen gesehen, die so aufgeregt waren. Als er wieder zum Dreh zurückging, kreischte diejenige, der er das Kompliment gemacht hatte, in ihrem Südstaaten-Akzent: »Ich werde mein White-Diamonds-Parfum immer und ewig tragen!«

Alle anderen in der Führung freuten sich für sie, besonders ich. Ich war immer so zynisch über diese Führungen gewesen, bei denen die Leute herkommen, um etwas zu sehen, was für mich langweilige Sets waren, dass mir gar nicht klar war, dass Menschen überall im Land diese Sendungen täglich sahen – vielleicht schon seit Jahren – und begeistert waren, auch nur in der Nähe dessen zu sein, wo ihre Lieblingssendungen produziert wurden. Ich erfuhr irgendwann, dass diese beiden Frauen eigens nach LA geflogen waren, um zu sehen, wo *Days of Our Lives* gedreht wurde, und es war ihnen vollkommen gleichgültig, dass diese hohen Holzwände alles war, was sie sahen. Sie wussten, was hinter diesen Wänden war, und so nah an all dem dran zu sein, war für sie genug.

Während ich in dem Page-Programm war, wurde ich dem Koordinator für Events and Operations in der Werbeabteilung zugeteilt. Ich arbeitete auf Premierenpartys, Wrap-Partys und massenhaft anderen Presse-Events. Ich hängte mich rein. Das führte zu einer Festanstellung in der Abteilung, und ich liebte es dort. Die Saat meiner zukünftigen heruntergekommenen Arbeitsmoral bei Conan sollte in diesem Job gesät werden – obwohl ich als Koordinatorin gut war, legte ich heimliche Pausen ein, um mit voll aufgedrehter Lautstärke *Jerry Springer* auf dem Fernseher im Gemeinschaftsbereich anzusehen. Es gab natürlich auch noch andere Anzeichen dafür, dass ich eine eher lässige Auffassung von meiner Arbeit hatte.

## Einige Anzeichen

Ich muss sagen, der größte Wendepunkt in meiner beruflichen Laufbahn war, als ich selbst Koordinatorin Events and Operations bei NBC war. Dort habe ich die nötigen Erfahrungen beim Fernsehen gesammelt und das lieferte mir die Verbindungen, die ich brauchte, um letztlich den Job zu bekommen, in dem ich jetzt bin. Dort war es auch, dass sich mein Selbstbewusstsein in einer entspannteren Haltung gegenüber meinem Job äußerte. Je länger ich dort arbeitete, desto wohler fühlte ich mich. Je wohler ich mich fühlte, desto mehr ließ ich zu, dass Anteile von mir selbst in meinen Job einflossen. Als ich damit einmal begonnen hatte und merkte, dass ich eher Akzeptanz erntete als Ablehnung, beschloss ich, dass dies die Haltung war, die ich von nun an in meinem Berufsleben einnehmen würde, egal auf welcher Position ich war. Natürlich fiel manches nach und nach durch die Spalten, die sich in dem Maße auftaten, wie mein Streben nach Perfektion abnahm. Und wissen Sie was? Das war für mich total okay.

Als ich Koordinatorin Events and Operations war, war es meine Aufgabe, mich um die Anmeldungen und Absagen für verschiedene Events wie Pressekonferenzen, Wrap-Partys, Premierenpartys et cetera zu kümmern. Ich checkte die E-Mails mit den Antworten und schrieb dann eine Notiz, ob ein Gast ein Event besuchen würde oder höflich absagte. Das war offenbar etwas, wozu ich einen College-Abschluss brauchte.

Eines der Events, auf denen ich arbeitete, war der Lunch nach der Zeremonie für den Stern auf dem Hollywood Walk of Fame für Dick Wolf im März 2007. Sein Stern war direkt vor dem Hollywood Roosevelt Hotel auf dem Hollywood Boulevard, und dort sollte auch der Lunch abgehalten werden. Auf der Gästeliste standen viele mächtige Leute vom Fernsehen – Produzenten, Führungskräfte und Stars von seinen illustren Shows wie *Law & Order* und den ganzen anderen Versionen von *Law & Order*.

Mein Job bei diesem Lunch war, mit meinem zuverlässigen Clipboard und der Anmeldeliste, über der ich stundenlang gebrütet hatte, an der Tür zum Restaurant zu stehen. Ich war diese Liste so oft durchgegangen, dass ich, wenn mir jemand seinen Namen nannte, gar nicht auf der Liste nachsehen musste; ich wusste es auswendig, ob jemand auf der Liste stand oder nicht. Und doch, wie ich schnell in meiner Zeit als Koordinatorin Events and Operations merkte, war die so sorgfältig geführte und auswendig gelernte Liste für mich völlig bedeutungslos, sobald die Türen sich öffneten.

Wenn jemand versuchte, auf eine Veranstaltung von NBC zu kommen, und ich stand an der Tür, wurde er oder sie zur Party hereingelassen. Es war mir egal, ob jemand auf der Liste stand. Denn selbst wenn ich wusste, dass jemand nicht darauf stand, hätte ich solche Angst gehabt, dass er oder sie eine Führungskraft sein könnte, oder der Vater von irgendjemand, dass ich nicht den Mut gehabt hätte, ihn oder sie abzuweisen. Sie kennen doch diese Leute vor den Clubs mit ihren Clipboards und dem prüfenden Blick, die nur darauf warten, einen abzuweisen, wenn man nicht auf der Liste steht? So bin ich nicht.

Ich finde, wenn man schon die Mühe auf sich genommen hat, sich schick anzuziehen und den ganzen Weg bis nach Spago oder zum Beverly Hilton zu fahren oder ins Ritz in Pasadena, dann verdient man es doch, an der Party teilzunehmen. Ich betrachtete es so, dass ich hier meine Macht für etwas Gutes einsetzte.

Normalerweise machte diese Großzügigkeit keine Probleme. Niemand bemerkte jemals ein paar zufällig eingelassene Gesichter in der Menge – das heißt, bis zu dem Lunch für Dick Wolf und seinen Stern auf dem Hollywood Walk of Fame. Am selben Tag wie der Lunch wurde noch ein anderes Event in einem anderen Raum des Roosevelt Hotels abgehalten, in dem auch ein paar Männer waren: der Willkommensempfang für die siebte jährliche Playboy Golf Scramble Championship. Das war ein wunderschönes Outdoor-Event, bei dem die Golfer sich unter die Playboy-Playmates mischen konnten. Während ich an der Tür zu Dick Wolfs Lunch stand, ging deren Event gerade zu Ende, und ich sah, wie viele sehr dünne und schöne und unglaublich spärlich bekleidete Frauen in meine Richtung kamen und mich fragten, ob sie hereinkommen dürften. Ich wusste, sie sollten dort nicht sein. Aber die Playboy Playmates wollten eben mal einen Blick in Dick Wolfs Lunch in diesem Steak-Restaurant werfen. Vielleicht hatten sie Hunger? Oder Langeweile? Wie auch immer, sie waren nett zu mir, also ließ ich sie alle ein. War das das Richtige? Natürlich nicht – mein Job war ja eben, nicht eingeladene Leute fernzuhalten. Sie standen nicht auf der Liste. Welchen Sinn hat die Liste, wenn ich sie einfach ignorierte? Also warum habe ich das getan? Ich dachte, es wäre lustig, es später meinen Freunden zu erzählen.

»Hey, wie war die Arbeit heute?«

»Es war echt cool. Dick Wolf bekam einen Stern auf dem Hollywood Walk of Fame und gab danach einen Lunch im Steak Restaurant im Roosevelt. Ich war Türsteherin.«

»Das hört sich an, als hätte es Spaß gemacht.«

»Ja, war es so weit auch. Aber das Beste war, als ich einen Haufen Playboy Playmates zur Party einließ.«

»Was?«

Und so weiter.

Irgendwann warf ich einen Blick in das Restaurant und sah Gruppen von Männern und langbeinigen, dünnen und schönen Frauen, die sich vermischten. Das Event bestand aus einem Meer gut angezogener Medienleute in Anzügen, Röcken, Blazern, und einem Spritzer Frauen in extremen High-Heels, unglaublich kurzen Röcken und Oberteilen, die ihre Reize auf aggressive Weise darboten.

Die Frauen fielen allmählich so auf, dass unser Security-Chef zu mir kam und mich fragte, was da los sei. Ich hatte es getan – ich hatte schließlich so viele nicht Geladene in eine unserer Partys eingelassen, dass ich aufgeflogen war. Wie konnte ich unserem Security-Chef sagen, dass ich fand, es wäre lustig, wenn diese Playboy Playmates zu Dick Wolfs Lunch auftauchen würden? Wie konnte ich ihm erklären, dass ich die Liste, mit deren Zusammenstellung ich Wochen verbracht hatte, nicht einmal angesehen hatte? Wie konnte ich ihm sagen, dass mein Bedürfnis, gemocht zu werden, und mein Mangel an Selbstbewusstsein mich davon abgehalten hatten, Menschen an der Tür abzuweisen, und dass man nur nett zu mir sein musste, und schon hob ich das Samtband für ihn oder sie und für deren Freunde an, egal welche Beziehung sie zu dem Event haben oder auch nicht haben mochten? Ich beschloss, dass ich das nicht sagen konnte, und erklärte ihm, sie müssten sich wohl durch eine Seitentür hereingeschmuggelt haben.

Unser Security-Chef musste zu jeder der Frauen hingehen und sie höflich bitten, Dick Wolfs Lunch zu verlassen.

✦

Bei einem anderen Event sollte ich die Playlist zusammenstellen für eine Tagesparty, die Jeff Zucker, der damalige Chef von NBC, schmeißen würde. Zucker wollte den Song »Bartender« von einem Künstler namens Rehab auf der Playliste haben. Ich sagte es damals niemandem, aber in der Zeit vor den Streamingdiensten lud ich die Songs aus LimeWire runter, mit Viren und allem, und zog sie mir aufs iPod. Ich lud die unzensierte Version herunter, aus Gründen, die ich noch immer nicht nachvollziehen kann, und der Refrain ging so:

*So I jacked the keys for her fuckin' car*
*Crashed that piece of shit and then stepped away**

Und dies lief nun auf einer Tagesparty, auf der sich die Hautevolee von NBC Universal versammelt hatte. Was noch schlimmer ist: Ich stellte nur vier Songs auf die Playlist, also wurde dies etwa alle 20 Minuten wiederholt. Jedes Mal, wenn der

* Anm. d. Übers.: In Deutsch: Also klaute ich die Schlüssel ihres Scheißkarrens, zerschlug das Drecksstück und ging davon.

Song lief, sah ich, wie manche Leute verwirrt innehielten und ihr noch so wichtiges Gespräch unterbrachen, das sie klar erkennbar gerade führten, und versuchten zu verstehen, warum ein so unangemessener Song auf einem so wichtigen Event lief. Irgendwann war es mir nicht mehr peinlich, und ich fing an, mich darüber zu amüsieren.

Trotz all meiner sehr offensichtlichen Schwächen mochten mich meine Chefs in der Events-Abteilung. Anstatt mich zurechtzuweisen, ließen sie mich im folgenden Jahr nach New York fliegen, wo ich mich um eine Liste von etwa 800 Leuten für die Premieren-Party von Candace Bushnells neuer Show *Lipstick Jungle* in der Saks Fifth Avenue kümmern sollte. Es stellte sich heraus, dass mein üblicher entspannter Stil dort nicht besonders gut ankam. Das einzige Mal, dass mich jemand wirklich anschnauzte, war bei der Vorbereitung dieser Party. Candace Bushnell rief mich an und hinterließ mir eine Voicemail mit Namen, die ich dieser umfangreichen Liste für die Party hinzufügen sollte. Kurz darauf bat sie mich um eine upgedatete Version der Liste zur Durchsicht. Einmal schickte ich sie ihr, ohne vorher meine Nachrichten abzuhören, und die letzten Namen, die sie haben wollte, waren nicht drin. Darüber war sie gar nicht erfreut. Sie rief mich an und wies mich zurecht, weil ich meinen Job nicht machte, also wandte ich meine bewährte Taktik der Entschuldigung an und sagte ihr, es sei mein Fehler gewesen, und es würde nicht wieder vorkommen. Zu meinem großen Schrecken war ihr das egal. Wäre ich ihre Assistentin gewesen und nicht Conans, würde ich jetzt nicht dieses Buch schreiben. Mein Instinkt riet mir, sie zu beruhigen, indem ich ihr sagte, dass jeder, der in die Saks Fifth Avenue kommen würde, auch eingelassen würde, aber ich merkte schnell, dass das definitiv nicht die Antwort war, die sie hören wollte.

Jedenfalls, als die Party dann stattfand, ließ ich tatsächlich alle ein, die an die Tür kamen, und die Party verlief reibungslos. Ich bezweifle, dass irgendjemand, der mit der Show oder

Candace Bushnell zu tun hatte, auf dieser Party irgendjemanden kannte. Aber hey, so ist das Showbusiness, Baby.

## Wie ich meinen Job bekam

Wie so viele in meinem Alter war für mich Conan O'Brien der Gastgeber der Late-Night-Show. Ich interessierte mich nicht allzu sehr dafür, ob Jay Leno oder David Letterman besser war, aber um 0:35 Uhr sah ich mir immer die *Late Night with Conan O'Brien* an.

Mein Bruder und ich genossen es sehr, als meine Eltern uns aufbleiben ließen, um das anzusehen. Wir verbrachten Stunden lachend vor der Flimmerkiste und vielleicht opferten wir Conan damit unsere Aufmerksamkeitsfähigkeit am nächsten Tag in der Schule.

Die Leute sprechen oft von ihren Lieblingssketchen aus der Late-Night-Show, aber ich persönlich mochte die Monologe am liebsten. Conan sprang herum, fiel aus dem Rahmen und machte einen Tanz, bei dem er so tat, als seien an seinen Hüften Schnüre befestigt wie bei einer Marionette.

Als ich hörte, dass Conan Gastgeber für die Tonight Show in Los Angeles werden würde, sprach ich mit der Personalabteilung, ob ich nicht einen Job in seiner neuen Show bekommen könnte. Ich weiß noch, dass ich meine Chancen überschätzte. Ich beschloss, dass ich vom Sender in die Produktion wechseln wollte, und jedes Mal, wenn mich jemand fragte, was ich nach meiner Zeit in der Werbeabteilung tun würde, sagte ich: »Ich werde für Conan O'Brien arbeiten.« Ich weiß auch nicht, woher diese Gewissheit kam, aber es war fast so, als würde ich mir meine eigene Karriere herbeireden.

Ein paar Monate später sprach ich mit der Personalabteilung. Ich gab eine Online-Bewerbung für einen Job in Conans *Tonight Show* ab, und mein Lebenslauf wurde einem Stapel potenzieller Bewerbungen für den Posten als Conans Assistent hinzugefügt. Ich hatte ein Bewerbungsgespräch mit der Line-

Produzentin Sarah Federowicz. Mein zweites Gespräch hatte ich am nächsten Tag mit Sarah, der Produzentin Tracy King und Conan selbst.

Das Interview wurde im Büro von irgendjemand abgehalten, und als ich eintrat, war alles, was ich tun konnte, zu verbergen, wie überwältigt ich in Wahrheit war. Dies war das Set von *Days of Our Lives*, und ich war die Frau mit dem White-Diamonds-Parfum. Ich trug Rot (meine Power-Farbe) und versuchte mich zu konzentrieren, aber die ganze Zeit, in der ich dort war, konnte ich nur denken: »Ach du Scheiße, ich bin im Bewerbungsgespräch als Assistentin von Conan O'Brien.«

Als ich ins Bewerbungsgespräch ging, traf ich zuerst auf Trace, dann Sarah und schließlich stellte sich Conan selbst vor und sagte mir, ich solle es mir so bequem machen, wie ich wolle, und dass das Interview nicht formell sein würde. Ich sagte: »Ist es okay, wenn ich mich auf die Couch lege?« Die drei lachten, und später am selben Tag bekam ich einen Anruf von der Personalabteilung, dass ich den Job bekommen hatte. Der Personalmitarbeiter verriet mir, dass Conan mein Witz mit der Couch gefallen hatte. Ich bekam meinen Job als Conans Assistentin, weil ich einen Witz übers Faulsein machte – eine Vorausschau, wie sie treffender nicht sein konnte.

In meiner ersten Zeit als Conans Assistentin verpuffte meine Aufregung schnell, und irgendwann wurde dieser legendäre Komiker, den ich meine ganze Jugend lang bewundert hatte, zur Nervensäge. Es war fast so, als hätte ich mich mehr angestrengt, um den Job zu *bekommen*, als ich mich *für die Arbeit selbst* anstrengte. Ich war so ehrgeizig und tat alles, um eingestellt zu werden, aber sobald mir klar wurde, dass ich in einem Umfeld arbeiten würde, das unheimlich Spaß machte, begann sich dieser Ehrgeiz langsam aufzulösen. Conan wurde dieser Typ, der mit mir High Five machte, wenn er sich über mich lustig gemacht hatte. Er erzählte den Leuten, ich würde in meiner Freizeit aus Spaß Babys vom Marktplatz stehlen. Er sagte, mein

Vater hätte meinen Bruder aus Holz geschnitzt, weil mein Vater einen Schnurrbart trägt. Er schlägt mir Essen aus der Hand, während ich esse, und lacht mir ins Gesicht, während ich das Essen vom Boden kratze. Trotz seiner und meiner jugendlichen Tendenzen weiß ich aber nach allem, was ich dafür getan habe, um an diesen Punkt zu kommen, dass ich genau da bin, wo ich hingehöre, und dass ich für die Person arbeite, für die ich arbeiten soll. Aber vielleicht greife ich vor. Lassen Sie mich erst ein paar meiner anfänglichen Missgeschicke als Conans rechte Hand erzählen.

# TEIL EINS

*In* Der Teufel trägt Prada *macht Andrea, die Figur, die Anne Hathaway spielt, Miranda Priestly, Meryl Streeps Rolle, wütend, sodass Miranda Andrea beauftragt, ihr das unveröffentlichte Manuskript des neuen Harry-Potter-Buches zu beschaffen. Was dann folgt, ist eine Spirale, die schon viele Assistentinnen durchgemacht haben – das Gefühl, dass es unmöglich ist, eine wichtige Aufgabe zu erfüllen, und dass es einen den Job kosten wird, wenn man sie nicht erfüllt. In letzter Minute, nachdem sie jede nur irgend mögliche Option ausgeschöpft hat, findet Andreas Reporter-Freund einen Weg, das unmögliche Manuskript zu beschaffen, und Andrea kann Miranda beweisen, wie wertvoll sie ist. Ich denke viel über diese Szene nach. Die schiere Panik, die Andrea zeigt, während sie jeden Verlagskontakt abklappert, den sie hat, während sie gleichzeitig Mirandas Lunch besorgt, verschiedenen weiteren Besorgungen nachrennt und ihre täglichen Aufgaben erledigt … die totale Verzweiflung, als sie merkt, dass sie die Aufgabe nicht erfüllen kann, und deshalb in diesem Job versagen wird, in dem sie doch brillieren wollte …*

*und schließlich die Euphorie, als sie die Aufgabe erfolgreich erledigt und Miranda mit süffisantem Lächeln mitteilt, dass sie es erledigt hat. Wenn ich über diese Szene nachdenke, merke ich, dass ich nichts davon jemals empfunden habe. Im Verlauf dieses Buches werden wir uns ansehen, wie diese Szene sich abspielen würde, wenn die Interaktion zwischen mir und Conan stattfinden würde, anstatt zwischen Anne und Meryl.*

**CONAN**: Sona!

*Keine Antwort.*

**CONAN**: SONA!

*David, Sonas Kollege, mit dem sie sich das Büro teilt, hört, wie Conan nach Sona ruft. Er sieht zu ihr hinüber. Sona hat ihre Ohrstöpsel drin und lacht in ihren Computer-Bildschirm. Er ruft sie an. Sona sieht Davids Namen auf dem Display und hebt ab, obwohl er nur sechs Meter weg sitzt und sie bequem miteinander sprechen könnten.*

**SONA**: David?

**DAVID**: Er ruft nach dir.

*Sona legt auf und geht in Conans Büro.*

**SONA**: Tschuldigung, ich habe gerade Akten sortiert und war ganz darin vertieft.

**CONAN**: Ich brauche das neue Buch von Robert Caro, damit ich es auf der Fahrt lesen kann.

**SONA**: Okay, ich schicke Brad zu Barnes & Noble.

**CONAN**: Bist du hingefallen und mit deinem kleinen Köpfchen aufs Pflaster geschlagen?

**SONA**: Mir hat noch keiner gesagt, dass mein Kopf klein sei.

**CONAN**: Ich habe schon alle Robert-Caro-Bücher, die erschienen sind. Ich muss wissen, was in dem neuen passiert.

**SONA**: Kannst du nicht warten, bis es rauskommt?

**CONAN**: Ich will es jetzt haben.

**SONA**: Okay, du willst also das noch nicht veröffentlichte Manuskript des neuen historischen Sachbuchs von Robert Caro?

**CONAN**: Ich bin schon seit einer Ewigkeit im Fernsehen. Es sollte also nicht allzu schwierig sein.

**SONA**: Du hast nicht »bitte« gesagt.

**CONAN**: Ist das jetzt dein Ernst?

**SONA**: Das ist eine ganz schön große Bitte. Es wäre schon schön, ein Bitte zu hören.

*Conan rollt mit den Augen und murmelt widerwillig: »Bitte.«*

**SONA**: War das jetzt so schwer? Warum ist es so schwer, bitte zu sagen?

**CONAN**: Also jetzt sag mir noch mal, was du tun wirst.

**SONA**: Ich hasse es, wenn du mich abfragst, gleich nachdem du mir etwas aufgetragen hast, als ob ich es sofort wieder vergessen würde.

**CONAN**: Ich habe nicht gesehen, dass du es aufgeschrieben hast.

**SONA**: Ich muss das nicht aufschreiben. Das kann ich mir leicht merken.

**CONAN**: Okay, dann sag mir jetzt einfach, was ich dir aufgetragen habe.

**SONA**: Nein, das ist demütigend. Ich muss ja sowieso gehen und es tun.

Sona kehrt zurück an ihren Schreibtisch. Sie hat gelogen – sie hat tatsächlich vergessen, worum Conan sie gebeten hat, sofort nachdem er es gesagt hat – aber sie will es ihm nicht sagen, weil er dann triumphieren würde, und das würde sie wütend machen. Sie sitzt an ihrem Schreibtisch und steckt sich die Ohrstöpsel wieder rein ... Es wird ihr irgendwann schon wieder einfallen.

# ANSTRENGUNG

IN DIESEM KAPITEL WERDEN WIR DAS KONZEPT DER Anstrengung näher ansehen. Was man in seinen Job hineinsteckt, kann vorgeben, wie viel man davon zurückbekommt. Was also passiert, wenn man gerade eben genug, aber nicht allzu viel hineinsteckt?

Zu Beginn, als man mich einstellte, war Conan immer noch in New York und machte dort seine letzte Staffel von *Late Night with Conan O'Brien*. Ich begann Anfang Januar 2009 für ihn zu arbeiten, aber er wickelte die Show erst im Februar ab. Er zog im März dieses Jahres schließlich nach Kalifornien und ich verbrachte meine ersten drei Monate als seine Assistentin, indem ich aus der Ferne arbeitete. Ich weiß noch, dass ich mir ein leeres Büro bei NBC suchte und mir akribisch Notizen machte, wie ich ihm und seiner Familie dabei helfen konnte, ihr Leben von New York nach Kalifornien zu verlegen.

Am Tag, nachdem ich erfahren hatte, dass ich für Conan arbeiten würde, traf ich mich mit ihm in Peet's Coffee in Brentwood mit einem gebundenen Heft über Los Angeles, das ich selbst angefertigt hatte, und mit einem Notizblock, um mir Notizen zu machen.

Bei unserem Treffen reichte ich Conan das Heft – eine Eingeborene von Los Angeles, die dem neuen Kind in der Stadt all ihr Wissen übergab. Es war mir derart wichtig, einen guten Eindruck zu machen, dass ich den ganzen Tag hingebungsvoll damit verbracht hatte, wichtige Informationen über Los Angeles zusammenzustellen, und dann nahm ich alles mit zu Kinko's, um das Ganze binden und laminieren zu lassen. Conan hatte 16 Jahre zuvor schon einmal in Los Angeles gelebt, aber ich dachte, es wäre gut, ihm zu zeigen, dass ich mich über das geforderte Maß hinaus anstrengen würde.

Ich weiß noch, dass ich während unseres Kaffeetreffens Conan erzählte, dass ich mit etwas arbeiten wollte, das mich inspirierte, und das mich stolz darauf machte, ein Teil davon zu sein. Seine Bescheidenheit und Zurückhaltung verblüfften mich sehr. Gleich nach dem Treffen traf ich mich mit meinem Bruder und meiner Schwägerin in einem Restaurant in Toluca Lake und ich war spürbar aufgewühlt. Ich hatte schon gewusst, dass es mein Leben für immer verändern würde, wenn ich diesen Job annahm, aber mir war gar nicht klar gewesen, was für ein netter Mensch Conan war. Nach diesem ersten Treffen wollte ich mich noch mehr für ihn anstrengen.

Ein paar Tage, nachdem ich den Job bekommen hatte, schrieb mir Conans Frau Liza eine äußerst nette E-Mail, in der sie sich vorstellte und mir ein wenig über die Familie erzählte. Sie schickte mir auch ein Foto ihrer Kinder Neve und Beckett mit, die zu der Zeit fünf und drei waren. Ich muss zugeben, bevor ich Conan und seine wunderbare Frau näher kennenlernte, hatte ich mir die allergrößten Sorgen über Liza gemacht. Würde sie eine Trophäen-Ehefrau sein, die mich ausnutzen würde, oder wäre sie andauernd gemein zu mir? Würde sie mich anschnauzen, wenn ich vergaß, sie über eine Änderung in Conans Reiseplan zu informieren? Würde sie mir auftragen, mitten an einem Arbeitstag ihre Kleider aus der Reinigung abzuholen? Ich erfuhr jedoch sehr schnell, dass Liza nicht nur brillant, freundlich und anständig ist, sondern auch meine wichtigste Verbündete. Sie hatte immer ein offenes Ohr für mich, wenn ich das Gefühl hatte, dass ich mich mit Conan gerade schwertat. Ich sage oft, das Beste an Conan ist Liza, und dieses Gefühl bestätigt sich mit der Zeit immer mehr.

Und warum erzähle ich nun dieses ganze rührselige Zeug? Weil ich in der Anfangszeit in meinem Job *wirklich* mein Bestes geben *wollte*. Ich musste dafür sorgen, dass dieser sehr nette Mann und seine wunderbare Frau glücklich waren. Ich war jetzt ein Teil ihres Lebens. Assistentinnen kommen den Leuten, für die sie arbeiten, sehr nahe, und ich wusste, dass die O'Briens mit der Zeit sehr wichtige Menschen in meinem Leben werden würden. Damit hatte ich recht.

Wenn ich mich an jene ersten Tage erinnere – in einer Zeit, als ich voller Begeisterung zu Kinko's ging, um ein selbst gemachtes Heft binden und laminieren zu lassen, in der Hoffnung, helfen zu können –, dann ist es schwer zu sagen, wann meine Beziehung mit Conan von professionell zu dem dysfunktionalen Chaos wurde, das sie heute ist.

Kann sein, dass es war, als ich drei Monate im Job war und am Telefon mit meiner Großmutter Armenisch sprach, und Conan fragte, ob ich mich gerade mit Dracula streite.

Es kann auch sein, dass es ein Jahr später war, als er dem Rolling Stone Magazin erzählte, dass ich in einem Korb in dieses Land gespült wurde, während mein Vater auf der Insel Armenien in einen Angriff von Ziegen verwickelt war (ich bin in Los Angeles geboren, mein Vater ist kein Ziegenhirte, und Armenien ist Festland).

Alles, was ich weiß, ist, dass irgendetwas passierte, oder nach und nach passierte, das mich dazu brachte, mich von einem Mädchen, das Hefte selbst herstellt, zu einem Mädchen zu entwickeln, das ab und zu Marihuana-Edibles unter ihr Mittagessen schmuggelt.

Conan wurde der zweite große Bruder, den ich nie wollte. Die Dynamik wandelte sich, und mit ihr meine Arbeitsmoral.

Ich übernehme gerne die meiste Schuld für das allmähliche Nachlassen jeglicher Arbeitsbereitschaft meinerseits. Aber gebührt meinem Chef nicht auch ein wenig der Ehre? Wäre die schlechteste Assistentin der Welt denn überhaupt möglich ohne den schlechtesten Chef der Welt?

Neve und Beckett sagten immer, dass Conan die Hälfte meines Gehirns weggeschmolzen hat. Und wenn man sie fragte, was mit der anderen Hälfte war, sagten sie, dass die schon weggeschmolzen war, bevor ich ihn kennenlernte. Ich habe nie eine bessere Beschreibung von mir gehört.

Bin ich stolz auf das, was aus mir geworden ist? Ja. Ich werde bezahlt für das absolute Minimum an Leistung. Wollte ich da jemals hin? Nein. Aber noch mal, alles, was ich das Glück hatte zu erleben, war eine angenehme Überraschung. Würde ich mich in einem anderen Job mehr anstrengen? Ja, zweifellos. Wenn Conan also in Rente geht, bitte stellen Sie mich ein. Bis dahin aber werde ich voller Stolz meinen Platz auf dem Mount Rushmore der fürchterlichen Assistentinnen einnehmen – und zwar allein. Ich weiß, es gibt auf der Welt noch andere schlechte Assistentinnen – da bin ich mir sogar ganz sicher –, aber ich weigere mich, meinen Titel als schlechteste der Welt zu teilen.

## Wie ich einmal *Friends* im Serienmarathon schaute

Wir haben alle unsere Helden.

Im Jahr 2009 stieß ein junger Bursche aus Singapur namens Joseph Schooling auf seinen Helden Michael Phelps. Sieben Jahre später schlug Schooling Phelps in den Olympischen Spielen 2016 in Rio im 100-Meter-Delfinschwimmen.

Naomi Osaka wuchs in Long Island, New York, auf und verehrte Serena Williams. Mit 20 trat sie bei den US Open gegen Williams an und gewann.

Als ich hörte, dass Robert de Niro seine frühere Assistentin verklagte, weil sie, unter anderem, während der Arbeit 55 Episoden von Friends in vier Tagen angesehen hatte, empfand ich, so stelle ich es mir vor, dasselbe, was Schooling und Osaka empfanden, als sie zum ersten Mal sahen, welche Leistung ihre

Helden erbrachten. 55 Episoden? In vier Tagen? Während der Arbeit? Ich hatte noch nie eine solche Ehrfurcht vor jemandem empfunden. Und ein kleiner Teil von mir dachte: »55 Episoden? Das kann ich besser.«

Zum Glück fand einer unserer Autoren, es sei eine ausgezeichnete Idee, dass ich mir die Woche vornahm, um den Rekord von De Niros Assistentin zu brechen.

Jede Episode von *Friends* ist etwa 22 bis 23 Minuten lang. Um 55 Episoden anzusehen, müsste man 1265 Minuten seines Lebens dafür opfern, oder etwas über 21 Stunden. Um 55 Episoden anzusehen, müsste man vier Tage hintereinander 5,5 Stunden pro Tag *Friends* schauen. Um das Ganze noch zu verkomplizieren, beginnt mein Arbeitstag um 10 Uhr, und ich hätte nur bis 16:30 Uhr, wenn die Aufnahmen starten, um so viele Episoden wie möglich anzusehen. Das sind 6,5 Stunden, die ich hatte, um 5,5 Stunden fernzusehen, wenn ich nur mit De Niros Assistentin gleichziehen wollte. Ich ließ die Fingerknöchel knacken und machte mich an die Arbeit.

Vier Tage lang saß ich vor der Glotze. Ich lachte. Ich weinte. Ich begann, meine Freunde zu nötigen, sich mit mir in Coffeeshops zu treffen. Ich trug Sofas zusammen mit genervten Freunden herum, nur damit ich sagen konnte: »Schwenken!« Ich hörte auf, den Mittelfinger zu zeigen, und fing an, die Fäuste gegeneinander zu schlagen. Ich wurde zur lebenden Verkörperung von *Friends*. Am Ende der Vier-Tage-Frist hatte ich 58 Episoden gesehen. Wie ein verdammter Champion.

Als Geschenk von Conan dafür, dass ich den Rekord von De Niros Assistentin gebrochen hatte, bekam ich alle 58 Episoden, die ich angesehen hatte, auf VHS, einen Korb voller Marihuana-Edibles und sechs Figuren, die die Namen der Hauptcharaktere von *Friends* trugen.

Ich denke, hier sollte ich einmal ein Stück zurückspulen und erklären, wie ich so skrupellos mit dem Fernsehen am Arbeitsplatz wurde.

Als ich mein Praktikum bei NBC begann, bemerkte ich, dass jeder, der dort arbeitete, einen Fernseher entweder auf dem Schreibtisch oder sonst wo im Büro stehen hatte. Wenn man beim Fernsehen arbeitet, ist es doch logisch, dass man einen Fernseher zur Verfügung hat, oder? Er ist dazu da, dass man die Sendungen, für die man arbeitet, ansehen kann – um sich die Ausgaben verschiedener Episoden ansehen zu können und auf dem Laufenden bleibt, was auf der Welt passiert. Tritt jemand von einer Sendung, an der Sie gerade arbeiten, bei *The View* auf? Dann sollten Sie sich das Interview auf Ihrem Fernseher ansehen. Wird *Extra* einen Sonderbeitrag über den Film machen, den Sie gerade als Adaption eines erfolgreichen Romans drehen? Hier steht Ihr Fernseher, um Sie auf dem Laufenden zu halten.

Irgendwann bemerkte ich, dass es keinen interessierte, was man gerade ansah. Niemand verfolgt es genau, welche Werbung für jede Sendung läuft, und man könnte nie sagen, dass etwas, was Sie sich ansehen, nicht auch irgendetwas mit Ihrem Job zu tun hätte, denn niemand wusste das so genau; also machte ich es mir zur Gewohnheit, den Fernseher die ganze Zeit laufen zu lassen. Als ich die Koordinatorin Events and Operations war, stand mein Schreibtisch im Gemeinschaftsbereich in der Mitte all der anderen Büros, und der Fernseher, in den ich sah, war an die Wand montiert. Hier lernte ich, dass ich mir jeden Tag *Jerry Springer* mit sehr hoher Lautstärke ansehen konnte. Ich kann mir gar nicht vorstellen, wie störend das für alle war, mit denen ich zusammenarbeitete, und ich bin schockiert, dass mir nie jemand etwas gesagt hat. Ich erinnere mich jedoch, dass viele der Bürotüren den ganzen Tag über geschlossen waren, und heute frage ich mich, ob meine regelmäßigen Fernsehgewohnheiten damit vielleicht etwas zu tun hatten. Egal, jedenfalls wurde das passive Fernsehschauen für die Arbeit irgendwann zum richtigen Fernsehschauen, weil es eben einfach da war. Und so zeigte ich in dieser Phase meine unverhohlene und allseits bekannte

Missachtung für Büro-Etikette und meine unverfrorene Haltung gegenüber dem Fernsehen bei der Arbeit.

Jedenfalls nötigte ich Jeff Ross' Assistenten David Hopping am Tag, nachdem ich den *Friends*-Serienmarathon-Rekord geschlagen hatte, mit mir zusammen sämtliche Locations im Warner-Bros.-Gelände abzuklappern, wo sie *Friends* gedreht hatten.

In der folgenden Woche nahm ich sämtliche Fotos und Filme, die ich beim Besuch der Locations geschossen hatte, und machte mit iMovie einen Film daraus, mit dem *Friends*-Thema als Hintergrundmusik. Ich lud ihn auf Instagram hoch, aber er wurde binnen fünf Minuten wieder gelöscht, wegen Copyright-Missachtung. Die Locations waren in Ordnung, aber ich durfte den Song nicht verwenden. Also spannte ich David erneut ein, diesmal bat ich ihn, alles liegen und stehen zu lassen, damit wir einen Weg finden konnten, wie wir um die Copyright-Missachtung bei dem Titelsong herumkämen. Ich beschloss, das Beste wäre, ihn selbst zu singen, mit David als Background (der »Klatscher«).

Wie viel Zeit verschwendete ich dafür? Wir wissen ja schon, dass ich von Montag bis Donnerstag fast 23 Stunden ferngesehen habe. Wir verbrachten etwa fünf Stunden am Freitag damit, sämtliche Locations auf dem Warner-Bros.-Gelände abzuklappern. Ich verbrachte weitere zwei Stunden damit, das Video zusammenzustellen, und noch eine Stunde, in der ich mich mit der Copyright-Geschichte auf Instagram herumschlug. Alles in allem zähle ich 31 Stunden meiner Arbeitswoche, die vollständig durch diese *Friends*-Serienmarathon-Challenge draufgingen. Wenn man jetzt noch die Pausen für Toilette, Mittagessen, Kreuzworträtsel und Gespräche mit Kollegen mit einberechnet, muss ich Überstunden schreiben. Ich bekam mein normales Gehalt plus Überstunden bezahlt, plus Auftrittsgebühren für die Sendung, also schlug ich einen ansehnlichen Profit aus dem Fernsehen am Arbeitsplatz, ohne dass ich wirklich etwas gearbeitet hätte. Und, ich habe David für ein paar Stunden von seinem Arbeitsplatz weggeholt, um mir mit den Fotos und dem Instagram-Post zu helfen.

Ich besitze keine Olympiamedaillen und ich habe nie einen Grand-Slam-Titel gewonnen, aber ich bin sicher, was auch immer Schooling oder Osaka empfanden, als sie ihre Idole schlugen, ist nur ein Bruchteil der Freude, die ich empfand, als ich den Serienmarathon-Rekord von Robert De Niros ehemaliger Assistentin brach. Genau wie sie hatte ich das Glück, meine Bestimmung zu finden und mit meinen Zielen Hervorragendes zu erreichen. Genau wie an sie wird man sich an mich für immer erinnern. Dies ist mein Vermächtnis.

## Mein Tagebuch während der Tour

Während der *Legally Prohibited from Being Funny on Television-Tour* führte ich ein Tagebuch. Oder ich sollte es anders ausdrücken: Auf weniger als der halben *Legally Prohibited from Being Funny on Television-Tour* führte ich Tagebuch. Nach unserer Sendung in San Jose am 5. Mai hörte ich einfach auf. Warum? Weil ich entweder beim Essen war oder einen trinken, und es vergaß. Mein unvollendetes Tagebuch ist eine perfekte Darstellung dafür, wie ich die Dinge sowohl bei der Arbeit als auch in meinem Privatleben angehe: mit viel Begeisterung am Anfang und einem schnellen Verlust der Energie auf dem Weg. Jedenfalls habe ich mein Tagebuch wiedergefunden und würde Ihnen gerne ein paar Ausschnitte aus den Einträgen zeigen:

***11.04.2010 – Eugene, Oregon***

*Wir sind in einem Restaurant/Bar namens Steelhead (glaube ich) gelandet. Und ich hatte ein paar Bier, das waren die besten meines Lebens. Debbie Wunder hat bei einer Auktion in der Lobby einen kleinen Mixer gewonnen.*

# WIE MAN BEI DER ARBEIT FERNSIEHT

1. Warten Sie, bis Ihr Chef nicht mehr in unmittelbarer Nähe ist.

2. Gehen Sie sicher, dass Ihr Bildschirm vom Büro Ihres Chefs aus nicht zu sehen ist.

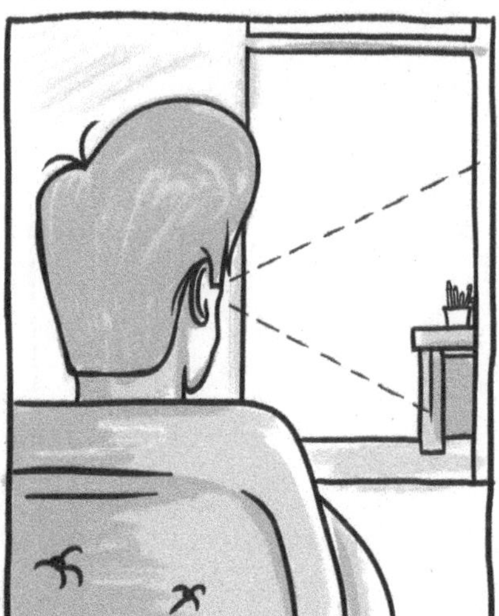

# SEHEN SIE FERN (FORTSETZUNG)

3. Legen Sie einen Ohrstöpsel ein, nicht beide. So können Sie Ihren Chef noch immer hören, wenn er etwas braucht.

4. Tragen Sie nur einen Kopfhörer auf beiden Ohren, wenn es sich lohnt (z. B. habe ich das bei der Episode von *Game of Thrones* mit der roten Hochzeit gemacht).

5. Sehen Sie sich etwas an. Sorgen Sie aber dafür, dass Sie aktuelle Arbeitsoberflächen im Hintergrund dessen, was Sie ansehen, geöffnet haben, sodass Sie schnell das Fenster minimieren können und so aussehen, als hätten Sie die ganze Zeit gearbeitet.

# SEHEN SIE FERN (FORTSETZUNG)

6. Achten Sie darauf, dass alles, was Sie ansehen, angemessen ist. Zeigen Sie Respekt vor Ihrem Arbeitgeber ... Und außerdem, wenn man Sie erwischt, könnte es eine Personalangelegenheit sein.

7. Versuchen Sie, Ihre Mimik so neutral wie möglich zu halten, damit andere nicht bemerken, dass Sie fernsehen.

8. Falls jemand fragen sollte, was Sie da tun, halten Sie stets eine gute Erklärung bereit, die etwas mit Ihrem Job zu tun hat.

**12.04.2010 – *Eugene, Vancouver***
*Heute war der erste Tag der Sendung und der Tag, an dem wir den Vertrag mit TBS öffentlich bekannt gegeben haben. Conan hatte mir schon letzte Woche davon erzählt, ich habe das Gefühl, er fängt wirklich an, mir zu vertrauen, und das will ich nicht vermasseln.*

**13.04.2010 – *Vancouver***
*Vancouver ist schön. Alles, was ich bisher davon gesehen habe, ist eine Straße, aber die ist schön. Während ich das schreibe, bin ich ziemlich stoned. Meine Nägel sind rot, weil ich mir eine kanadische Maniküre machen ließ, was genau dasselbe ist wie eine US-Maniküre.*

**15.04.2010 – *Vancouver***
*Conan und ich gingen in einen Hutladen gegenüber dem Restaurant, weil sie sagten, sie würden ihm einen Hut schenken. Er bestand aber darauf, zu bezahlen, und kaufte schließlich einen komischen Hut für 120 Dollar. Dann nahmen wir ein Taxi, und er erzählte dem Taxifahrer, dass er ein griechischer Fischer sei, und dass er Krankenversicherungen mag, weil das praktisch ist, wenn »die Netze leer zurückkommen«.*

**16.04.2010 – *Spokane***
*Nach der Show wollte Conan zu diesem riesigen roten Kombi gehen, der im Park neben dem Veranstaltungsort stand. Da waren ein Haufen Penner und zum ersten Mal auf der Tour machte ich mir Sorgen. Ich war ein bisschen kaputt, deshalb beschloss ich, früh ins Bett zu gehen. Alle anderen gingen an die Hotelbar und nahmen noch ein paar Drinks. Sie waren am nächsten Tag tatsächlich besorgt um mich, weil ich nichts getrunken hatte. Ich liebe diese Leute.*

**17.04.2010 – *Edmonton***
*Ich wachte in Spokane auf und traf beim Frühstück Conan und Jeff. Dann zog ich Conan mit mir mit, um mit der Sky Tram zu fahren und die Wasserfälle anzuschauen. Er erfand diese Figur, Gertie, die meine hässliche Schwester ist.*

**19.04.2010 – *Seattle***
*Wir begannen unseren Tag auf dem Public Market. Später gingen wir zur Space Needle und fuhren ganz nach oben. Wir fuhren von dort zum Drehort und Eddie Vedder haute mich vom Hocker. Backstage nahmen er und ich den Scheiß auf. An einer Stelle stellte ich mich vor und Eddie sagt: »Ich weiß, wir haben uns doch schon vorher in der Sendung kennengelernt.« Mein Hirn explodierte fast. Als wir Seattle verließen, waren alle in Hochstimmung.*

**22.04.2010 – *San Francisco***
*Wir brachen heute Morgen auf nach San Francisco … wir gingen zum Hotel, und ich machte mich auf die Suche nach einem ausgestopften Papagei. Conan verwandelt sich in einen Piraten.*

**23.04.2010 – *San Francisco***
*Chris Isaak kam wieder, um bei Conan aufzutreten. Ich glaube, unsere Gäste lieben es wirklich, in unserer Show aufzutreten.*

**24.04.2010 – *Los Angeles***
*Los Angeles war der Wahnsinn. Wir kamen am Drehort an, und in der Mitte von Conans Garderobe stand ein riesiger roter Flügel. Dann, wenn man ins Bad geht, sieht man als Erstes links ein Duvet (engl. für Bettdecke, Anm. d. Übers.) und dann eine riesige Marmor-Dusche mit doppeltem Duschkopf. Es war unglaublich.*

Ich brauchte eine Weile, um zu merken, dass ich »Duvet« geschrieben hatte, dabei meinte ich »Bidet«. Es war mir peinlich, das zu lesen.

***25.04.2010 – Los Angeles***
*Ich hing den ganzen Tag mit Yaya ab. Kurz vor Drehzeit ging ich zum Mittagessen bei Kiwami. Meine Güte, wie ich gutes Sushi vermisse. Die Show war klasse. Das Publikum war besser als das gestern. Jeder blieb danach noch auf ein paar Drinks, aber Conan wurde wieder in seiner Garderobe von Leuten umringt.*

***29.04.2021 – San Diego***
*Nach drei freien Tagen fuhren wir nach San Diego. Es war eine halbe Stunde Flug. Ich wusste gar nicht, dass man nach San Diego fliegen kann. Das Publikum war eines der besten der Show. Wir bleiben nicht, sondern fuhren noch am Abend weiter nach Phoenix.*

***30.04.2021 – Phoenix***
*Conan und ich gingen ins Arizona Biltmore Hotel, das von Frank Lloyd Wright gestaltet wurde. Ähm, es war lächerlich (auf eine gute Art). Ich konnte nicht aufhören, das Gebäude anzustarren. Dann zur Show, die, wie immer, GROSSARTIG war. Heute Abend Las Vegas.*

***01.05.2010 – Las Vegas***
*Wir kamen gestern Abend in Vegas an, und [Exfreund] war zufällig in der Stadt. Conan redete es mir aus, ihn anzurufen, was gut ist. Ich weiß, er war darüber wütend und irgendwie enttäuscht, aber ich brauchte jemanden, der mir sagte, ich solle mich nicht mit ihm treffen. Christina, Vero und Angineh fuhren her, um mich zu besuchen. Wir gingen mit Conan zum Mittagessen und dann hingen wir am Pool*

*ab. Die Show heute war etwas seltsam – es war Vegas, also waren da eine Menge Leute, die nur provozieren wollten. Sie waren alle besoffen. Nach San Diego und Phoenix waren wir sehr viel Besseres gewohnt. Später gingen wir alle noch in Conans Suite, die aussah, als gehöre sie einem Drogenbaron.*

**02.05.2010 – Las Vegas**

*Die Mädchen sind abgereist; ich war am Craps-Tisch* und habe meine Tagesspesen verspielt. Das Publikum war heute viel besser. Wir ließen Mike Tyson den Walker-Hebel** ziehen und die Leute drehten durch. Nach der Show nahmen alle noch ein paar Drinks und ich fing wieder an zu spielen. Ich habe eine Menge Geld verloren.*

**03.05.2010 – Las Vegas**

*Es war unser freier Tag, und wir waren in Las Vegas. Conan und ich gingen in ein Café, und dann beschloss ich, einfach den ganzen Tag in meinem Zimmer zu bleiben. Abends gingen Gus, Conan, Andy, Sweeney und ich in ein Restaurant namens Carnevino im Palazzo. Wahrscheinlich eines meiner besten Abendessen.*

**04.05.2010 – Reno**

*Das Theater in Reno war wie ein Dinner-Theater – überall waren Stände mit Tischen. Es war komisch. Während der Show ging ich nach draußen, um Fotos von der Leuchtanzeige zu machen, und die Show stand nicht einmal drauf. Ich stand eine Weile da draußen in der Kälte. Als ich wieder reinging, bemerkte ich, dass Sweeney und Matt am*

---

* Anm. d. Übers.: Craps ist ein Würfelspiel.

** Anm. d. Übers.: Ein Hebel, mit dem O'Brien in der Sendung einen Spot aus der Serie »Walker, Texas Ranger« abspielen kann, wenn er ihn zieht.

*Craps-Tisch waren, und Jeff war am Black-Jack-Tisch. Keiner sah sich die Show an. Ich hatte kein Geld mehr, also setzte ich mich ein bisschen zu Jeff.*

***05.05.2010 – San José***
*Wir wachten alle in San José auf, nahmen uns einen Van und fuhren zum Googleplex, dem Google-Komplex. Als wir dort ankommen, sind da massenhaft Google-Angestellte, die dort waren, um die Fragestunde mit Conan zu sehen. Irgendwann ging ich und sah mir die Toiletten an, denn sie waren wie ((durchgestrichen: Duvets)) Bidets, die am Sitz installiert waren. Sie waren tatsächlich beheizt, was ich einfach verrückt finde. Man sitzt direkt auf der Toilette und das verdammte Ding ist beheizt. Außerdem gibt es ein Bedienfeld an der Seite, auf dem »Reinigung vorne«, »Reinigung hinten« und »Trockner« steht. Also probierte ich es aus und natürlich fing ich an zu schreien. Andy hörte mich von draußen und erzählte es auf der Bühne. Alle bei Google lachten über mich.*

Und das war's. Mein Tagebuch endet hier. Ich habe so stark angefangen und dann hörte ich nach San José einfach auf. Ich schrieb nichts darüber, dass ich ganz allein einen Bus zum Winchester Mystery House in San José nahm, als wir frei hatten, und eine Führung dort mitmachte. Ich sah mir gerade eine unheimliche Tür an, die nirgendwo hinführte, als ich merkte, dass ich mich beeilen musste, wieder zum Theater zurückzukommen, wo bald Sendezeit sein würde. Es war kein aufregender Tag, aber es wäre schön gewesen, es in mein Tagebuch zu schreiben.

Ich schrieb auch nichts darüber, dass vor der Show in Tulsa die Band Hanson in Conans Garderobe abhing, und dass ich bemerkte, dass sie alle … erwachsen geworden sind. Und sich zum Positiven entwickelt haben. Besonders der Jüngste, Zac, der noch ein Kind war, als sie groß rauskamen, und jetzt ein ziemliches Sahneschnittchen war.

Ich erzählte auch nichts darüber, dass ich in Kansas City backstage mit Jason Sudeikis, der als Gast geladen war, auf seinen Auftritt wartete, während er ein Natty Light trank.

Ich schrieb nichts über das coole Hotel, in dem wir wohnten, als wir in Minneapolis waren, und wie Conan mit der Crew in seinem Zimmer eine lustige Party feierte.

Ich habe vollständig vergessen, über die Scheiß-Show zu schreiben, die in Atlantic City war, und wie wir in der Mitarbeiter-Cafeteria des Casinos aßen, und dass ich die Schattenseiten eines Casinos nie wieder im Leben sehen will.

Ich schrieb nichts darüber, wie ich nach New York City ging, und wie aufregend es war, bei einer Show in der legendären Radio City Music Hall mitzuarbeiten.

Oder wie wir in Boston zu Conans 25-Jahres-Treffen seines Harvard-Abschlussjahrgangs gingen und er an einer Talentshow teilnahm, die gefühlte fünf Stunden dauerte. Oder wie wir ins Lampoon Castle gingen und ich drei Lampoon-Mitglieder zu uns ins Hotel einlud (nichts Skandalöses – sie schienen bloß lustige Typen zu sein) und wir für Hunderte Dollar Room Service bestellten.

Ich schrieb auch nichts über den Albtraum, der das Bonnaroo Music and Arts Festival war. Wie feucht es dort war und höllisch heiß, und wie ich sah, dass Festivalbesucher, die betrunken oder high waren, unter einer riesigen Konstruktion in Form eines Pilzes standen, die Wasser versprühte, und wie nach einem Tag das Wasser braun geworden war, und diese armen jungen Männer und Frauen von diesem ekelhaften Kloakenwasser durchtränkt wurden.

Ich schrieb nichts darüber, wie cool es war, eine Show bei Third Man Records in Nashville zu machen. Und wie wir früher an jenem Tag Conan bei Jack Whites Haus abgesetzt hatten, wie man ein Kind bei einem Spielkameraden absetzt.

Ich erwähnte nie den Tourbus, und wie meine Freundin Meghan und ich darin mit der schlechten Internetverbindung *Der menschliche Tausendfüßler* ansahen. Wir brauchten vier Stunden, um einen anderthalbstündigen Spielfilm anzusehen, was mir jede Menge Zeit gab, über dessen subtile Parallelen zu meiner Branche nachzudenken.

Und schließlich habe ich auch nichts über unseren letzten Stopp erzählt, Atlanta, wo auch zufällig unser neuer Sender seinen Sitz hat, TBS. Wir trafen uns mit den hohen Tieren und sie schenkten uns iPads.

✦

Es scheint vielleicht so, als würde ich mich auswendig an vieles erinnern, was auf der Tour passierte, aber das tue ich nicht. Es gibt Städte und Ereignisse, die ich vollkommen vergessen habe. Wenn ich nicht aufgeschrieben hätte, dass ich in der Space Needle in Seattle war, hätte ich mich daran nicht erinnert. Wenn mich jemand gefragt hätte, ob ich jemals in der Space Needle war, und ich hätte es *nicht* aufgeschrieben, hätte ich wahrscheinlich nein gesagt.

Warum also habe ich aufgehört, Tagebuch zu schreiben, fragen Sie? Warum habe ich aufgehört, all die seltsamen und wunderbaren Erlebnisse zu dokumentieren, die ich als Conans Assistentin hatte? Weil ich faul bin. Weil ich, anstatt mir fünf Minuten Zeit zu nehmen, um Erinnerungen zu notieren, die ich meinen Kindern und Enkelkindern erzählen kann, beschloss, jeden Abend an die Bar zu gehen und sämtliche fruchtigen Drinks zu probieren, die das Four Seasons im Angebot hatte. Ich dachte: »Hey, das ist vielleicht mein Ding. Ich kann diejenige sein, die anderen sagt, sie müssen unbedingt den Sugar Rum Fairy im Austin Four Seasons probieren!« Als ob Hotels jahrelang dieselben selbst kreierten Cocktails beibehalten, und als ob das IRGENDJEMANDEN INTERESSIEREN WÜRDE.

Ich schrieb nicht weiter Tagebuch, weil ich zu sehr damit beschäftigt war, kostenloses Essen zu essen. Ich nahm auf jener Tour 25 Pfund zu und ich hätte wirklich jedes Pfund schon aus einer Meile Entfernung kommen sehen sollen. Wenn man fünf volle Mahlzeiten am Tag isst und jeden Abend einen trinken geht, wird man zwangsläufig zunehmen, und, Alter, das tat ich auch. Auch wenn es ..., wissen Sie was? Das. Wert. War.

Zum Glück hat Conans langjähriger Freund Rodman Flender die Tour für seine Dokumentation *Conan O'Brien Can't Stop* gefilmt. Das fühlt sich für mich so an, als hätte jemand das beste Sommercamp gefilmt, auf dem ich je war, und es füllt ein paar von den Lücken, nachdem mein Tagebuch aufhört, und wo Sugar Rum Fairies meine Erinnerung getilgt haben.

## Die Dokumentation *Conan O'Brien Can't Stop*

Haben Sie sich je die Frage gestellt: »Was isst die Assistentin eines legendären Late-Night-Gastgebers, der öffentlich seinen Abschied von einem Sender nahm, bei dem er 16 Jahre war, und auf eine Städtetour geht?« Tja, ich habe die Antworten für Sie.

Bevor ich anfange, möchte ich nur fürs Protokoll sagen, dass ich kein Fernseh-Promi bin. In Conans Umfeld war ich plötzlich öfter, als ich je gedacht hatte, im Scheinwerferlicht, aber dennoch, wenn eine Kamera auf meinen Chef gerichtet ist, nehme ich nie an, dass ich in der Aufnahme auch zu sehen bin. Das erklärt, warum ich einfach weiter das mache, was ich normalerweise mache. Als die Dokumentation herauskam, war alles, was ich sehen konnte, wie oft ich dabei aufgenommen wurde, wie ich vor der Kamera aß. Diese bewegende Dokumentation folgt einem besonderen Moment in der Geschichte des Fernsehens und dem Video-Beweis zufolge war mein Part in dieser Geschichte, immer nur zu essen. Und zwar deutlich sichtbar. Das Chaos und der permanente Ortswechsel dieser großen Tour fanden um mich herum statt und ich verbrachte meine Zeit damit, das kostenlose Essen und die Drinks zu genießen, gesponsert von American Express. Gerechterweise muss man sagen: Essen ist Brennstoff, und wie gut eine Assistentin ist, hängt davon ab, wie gut sie mit Essen versorgt ist.

Das hier wurde beim Lunch bei unserer ersten Probe gefilmt. Wir arbeiteten immer noch daran, wie die eigentliche Show aussehen sollte, und wir würden in einer Woche losfahren. Ich bin ganz links und mein Gesicht ist halb abgeschnitten, aber ich schiebe mir gerade einen Riesenbissen eines medium gegarten Bürgermeisterstück-Steaks vom Catering rein.

Ich musste in so vielen Meetings sitzen, in denen der Inhalt der Show besprochen wurde. Die Autoren Mike Sweeney und Matt O'Brien sprachen mit Conan darüber, wie die Show an jenem Tag aussehen würde. Sie arbeiteten alle intensiv daran, die Shows so einzigartig wie möglich für jede einzelne Stadt zu machen. Das war das erste Mal, dass ich einen näheren Einblick in Conans Arbeitseinstellung bekam. Keine zwei Städte bekamen dieselbe Show präsentiert und er kümmerte sich um jeden einzelnen Aspekt davon, was das Publikum sehen würde. Hier sitze ich in einem dieser Meetings und spreche gerade in eine Banane.

Wie ich schon erwähnte, spielten wir Shows in Las Vegas, Atlantic City und Reno. Ich fasse sie alle zusammen, weil ich in all diesen Städten meine Tagespauschale beim Craps-Spiel ver-

loren habe. In Las Vegas nahm ich meine ganze Portokasse von 400 Dollar und verlor sie innerhalb von sechs Minuten. Ich habe die Zeit gemessen. Dabei habe ich gar kein Glücksspiel-Problem. Ich liebe es einfach nur, Geld auszugeben und so zu tun, als wäre es nicht meines, auch wenn die Portokasse durchaus Teil meines Gehalts ist. Am Anfang der Tour wollte ich wirklich bei jeder Show dabei sein, damit ich Conan aufrichtig sagen konnte, was ich davon hielt. Als wir nach Reno kamen (der elften Station einer Tour durch 33 Städte), schlenderte ich durch die Casino-Ebene und suchte nach einem Craps-Tisch, während Conan auf der Bühne war. Jedenfalls sind wir hier in Atlantic City im Hotel Borgata, wo ich mir Thunfisch-Tatar bestellte. Ich liebe Thunfisch-Tatar. Dies ist mein erster Bissen.

Ich sehe es liebevoll an und denke mir: »Das ist ein gutes Thunfisch-Tatar.«

Hier bin ich zu sehen, wie ich mit vollem Mund versuche, mich am Gespräch zu beteiligen.

Conan feiert seinen Geburtstag nicht groß. Ich dagegen feiere meinen »Geburtsmonat«, wenn der Oktober kommt. Es war Conans Geburtstag auf der Tour, also besorgten sie ihm einen Kuchen und übergaben ihn ihm im Flugzeug. Er machte sich nicht viel daraus, aber ich freute mich sichtlich darauf, ihn zu essen.

Conans College-Treffen zum Fünfundzwanzigjährigen in Harvard fiel mit den Zeiten unserer Tour zusammen, also kamen viele von uns mit ihm. Er spazierte über den Campus, wo er amerikanische Geschichte und englische Literatur studiert hatte. Wir besuchten die Wohnheimzimmer, wo er seine engsten Freunde kennenlernte. Wir besuchten das Lampoon Castle und sahen den Ort, an dem Conans Ehrgeiz als Autor und Bühnenmensch aufkeimte. Hier esse ich gerade ein Stück Pizza zusammen mit einem Polizisten von Cambridge.

In Bonnaroo musste Conan mehrere Musiker auf der Hauptbühne ankündigen, darunter auch Nas und Damian Marley. Die Leute hatten ihn zu einer ganzen Reihe von Auftritten verpflichtet, ohne dass man ihn darüber genau informiert hatte, und er war überrascht, wie viel man von ihm erwartete. Das war ja zusätzlich zu den beiden Shows, die er in einem Zelt in Bonnaroo geben musste … es war ja in Tennessee … Mitte Juni. Das alles passierte am Ende der Tour und Conan hatte so viel abgenommen und war so überarbeitet, geistig wie physisch. So viele Leute waren ganz aufgeregt, ihn zu sehen, und der Strom von Zuneigung und Unterstützung in einer so harten Zeit bedeutete nicht nur für Conan die Welt, sondern auch allen, die für ihn arbeiteten. Hier bin ich zu sehen, wie ich Mike Sweeney und Conan zuhöre, während sie über die Intros für die Auftritte in Bonnaroo reden.

Dann kam mein Sandwich. Und ich erinnere mich noch genau an dieses Sandwich. Ich weiß noch, dass es groß war – viel zu groß. Die Art Sandwich, bei der man es ansieht und sich eine Strategie überlegt: Beißt man von Toast zu Toast in einem großen Biss? Oder macht man zwei kleine Bissen? Hier ist die Strategie zu sehen, für die ich mich entschied.

Und das war's schon mit meinen Erlebnissen auf der Tour. Ich bin dankbar, dass diese Momente auf Film festgehalten wurden, sodass meine Familie sehen kann, was ich in einem entscheidenden Moment zur Karriere meines Chefs beitragen konnte.

War ich emotional für Conan da, als er mit der Tatsache konfrontiert wurde, dass seine Zeit beim Sender, in der er sich sein Image als Late-Night-Showmaster aufgebaut hatte, nun zu Ende war? Die meiste Zeit ja – wenn auch mit vollem Mund.

## Das White House Correspondents' Dinner

2013 wurde Conan als Gastgeber für das White House Correspondents' Dinner engagiert. Von allen großartigen Events, an denen ich teilnehmen durfte, war das White House Correspondents' Dinner das aufregendste für mich. Hier trafen alle aus Politik, Medien und der Unterhaltungsbranche zusammen und knüpften Verbindungen. Es war ein riesiger Ball in einem riesigen Ballsaal, und ich war total aufgeregt, dass ich die Chance bekam, hinzugehen.

Auch wenn meine Arbeitseinstellung manchmal zu wünschen übriglässt, die von Conan und Mike Sweeney ist ganz erstaunlich. Sie sind beide ja ohnehin schon auf natürliche Weise witzig, aber zusätzlich zu ihrem angeborenen Sinn für Humor machen sie sich zutiefst Gedanken über das, was sie schreiben. Deshalb arbeiteten sie an Conans Ansprache zum White House Correspondents' Dinner bis zur absolut letzten Minute. Diese Arbeitseinstellung stellt jedoch für zumindest eine Person ein Problem dar: die Person, die ziellos im Hotel herumläuft und auf die letzten Anmerkungen wartet. Dieselbe Person, die Ewigkeiten damit verbringt, das Sekretariat zu suchen, damit sie die Rede auf Karteikarten drucken kann, von denen Conan sie dann abliest. Und wer war dieser Dummkopf, fragen Sie nun? Ich natürlich.

Wir machten uns alle in dem Hotel fertig, in dem das Dinner stattfand, also herrschte dort ziemliches Chaos. Beim ersten Mal, als ich ins Sekretariat kam, um die Karten auszudrucken, waren dort nur die Angestellten, die den Raum für die Gäste vorbereiteten, und ich hatte nicht das Gefühl, dass es besonders eilte. Ich weiß noch, wie ich die Karten ausdruckte, dann prüfte, ob sie alle in der richtigen Reihenfolge waren, immer mal wieder hineinlas und kicherte. Hier sind ein paar von meinen Lieblingsgags aus Conans Rede:

*Aber, Präsident Obama, Sie hatten ein paar großartige Gags, und es war ein Vergnügen, Ihnen zuzusehen, wie Sie hier standen und taten, was ich jetzt tue. Also ist es nur fair, dass ich jetzt tun kann, was Sie tun. Jawohl, meine Damen und Herren, in den nächsten 15 Minuten werde ich in einem angespannten, dysfunktionalen Sumpf mit dem Kongress stecken.*

*Gratulation an den Sender C-SPAN dafür, dass sie den Zuschlag für die Übertragung dieses Events erhalten haben. Sie haben die anderen ganz knapp geschlagen: HGTV 2, QVC South America und der Kanal »Wie man auscheckt« des Hilton-Hotels.*

*Aber wenn ich hier herumschaue und die versammelten Medien sehe, wird mir klar, dass dies alles nur eine große Highschool-Cafeteria ist. Fox sind die Sportlertypen, MSNBC sind die Nerds, die Blogger sind die Gruftis, NPR ist der Tisch für die Kinder mit der Erdnuss-Allergie, Al Jazeera ist der seltsame ausländische Austauschschüler, mit dem keiner redet. Und Printmedien, ich habe euch nicht vergessen, ihr seid das arme Kind, das im zweiten Jahr bei einem Autounfall ums Leben kam. (Aber tröstet euch: Wir haben euch das Jahrbuch gewidmet.)*

*Es ist schwer zu glauben, dass die Republikaner bei der Wahl mit der Unterstützung von Prominenten wie Ted Nugent und Meatloaf nicht besser abgeschnitten haben. Ich vermute, sie haben die Anzahl der Wähler überschätzt, die immer noch Vans mit Teppichboden fahren.*

*Es überrascht nicht, dass Sprecher John Boehner heute Abend nicht hier ist. Sprecher Boehner und Präsident*

*Obama haben immer noch Probleme, miteinander klarzukommen. Präsident Obama und John Boehner sind wie ein Blind Date zwischen Anderson Cooper und Rachel Maddow. In der Theorie verstehen sie die jeweilige Position des anderen, aber in Wahrheit ist jedem klar, dass es nie passieren wird.*

Ich druckte die Rede aus, ging wieder zum Zimmer zurück, Sweeney und Conan nahmen Veränderungen vor, und ich machte mich wieder auf nach unten ins Sekretariat, um die Rede noch mal auszudrucken. Das wiederholte sich so oft und über so viele Stunden hinweg, dass ich, völlig untypisch für mich, dieses Gefühl der Dringlichkeit bekam, das mir zu Anfang gefehlt hatte. Ich druckte sie aus, schnappte mir die Karten, schaute sie nur kurz durch, während ich mit dem Aufzug hochfuhr, und betete, dass sie alle in Ordnung waren. Irgendwann tauchte der Secret Service auf. Weil der Präsident der Vereinigten Staaten hier sein würde, war es ausdrücklich deren Job, unordentlich aussehende junge Frauen, die in Flip-Flops herumliefen und einen Berg von blauen Karteikarten herumtrugen, vom Ballsaal fernzuhalten. Leider lag der Ballsaal zufällig nur ein paar Schritte vom Sekretariat entfernt.

Als ich auf dem Weg nach unten war, um die Rede zum x-ten Mal auszudrucken, hielt mich ein freundlicher, aber strenger Secret-Service-Agent auf und fing an, mir Fragen zu stellen.

»Sind Sie Gast in diesem Hotel?«

»Nein, aber wir haben ein paar Zimmer hier, weil ich für Conan O'Brien arbeite, und er hält heute Abend eine Rede.«

Er musterte mich misstrauisch von oben bis unten. »Können Sie sich ausweisen?«

»Kann ich nicht, aber ich schwöre, ich arbeite für ihn. Dies hier ist seine Rede für heute Abend«, sagte ich, während ich einen Stapel blauer Karteikarten mit Gags darauf hochhielt.

Nach ein paar weiteren Fragen ließ er mich ins Sekretariat, aber nicht ohne zu sagen: »Wenn Sie das nächste Mal hier herunterkommen, müssen Sie ein Kleid tragen, oder was Sie auch immer für ein Outfit heute Abend anziehen.«

»Natürlich. Vielen Dank, Sir. Ich verspreche, ich werde Sie nicht enttäuschen.« Gefolgt von einem Kichern und einem Lächeln, denn ein kleiner Flirt hat noch niemandem geschadet.

Ich bewege mich also aufs Sekretariat zu und merke, dass es schon Cocktail-Zeit für das Dinner ist, denn alle – also die gesamten Führungskräfte von Hollywood und Washington – schlendern in der Nähe des Sekretariats herum, und ich falle auf wie ein bunter Hund.

Die Leute tragen atemberaubende Kleider und Smokings und ich sehe in meinen Jeans, T-Shirt und Flip-Flops aus wie eine totale Idiotin. Als ich ins Sekretariat komme, wo ich diese Rede unzählige Male ausgedruckt habe, funktioniert der Drucker auf einmal nicht mehr. Es ist stressig genug, wenn man eine Rede ausdruckt, die einige der wichtigsten Leute aus der Politik und den Nachrichten hören werden, aber es ist noch einmal etwas anderes, wenn man die Einteilung machen muss, damit alles auf fünf bis sieben Karteikarten gedruckt wird.

Ich schwitze.

Sweeney ruft mich an und fragt mich, warum ich so lange brauche. Es ist fast schon Zeit für Conan und ein paar andere, zu einem Predinner-Meeting zu gehen und Präsident Obama zu begrüßen, und ich halte alle auf.

Ich schwitze noch mehr.

An diesem Punkt versuchen mehrere Hotelangestellte, mir mit dem Drucker zu helfen. Er klemmt weiterhin und ich formuliere im Kopf schon meinen neuen Lebenslauf.

Nach einer gefühlten Ewigkeit bekommen wir ihn zum Laufen und ich renne zurück nach oben, und es gibt schon wieder Änderungen. Das ist das letzte Mal, sagt man mir.

Ich denke noch dran, was der Secret-Service-Agent mir gesagt hat, also ziehe ich mein Kleid an, aber es ist mir nicht möglich, in High Heels herumzulaufen, also ziehe ich wieder meine Flip-

Flops an. Als ich wieder nach unten komme, nicke ich dem Secret-Service-Agenten zu und mache eine Geste, um auf mein Kleid hinzuweisen. Er erinnert sich nicht an mich, lässt mich aber durch.

Ich drucke die Rede ein letztes Mal aus. An diesem Punkt sind die Hotelangestellten im Sekretariat schon meine besten Freunde geworden. Wir sind durch mein Trauma derart miteinander verbunden, dass ich darüber nachdenke, vorzuschlagen, dass wir uns alle gleiche Tattoos stechen lassen, auf denen steht: »I survived the WHCD 2013«, und daneben ein gezeichneter Drucker.

Als ich das Sekretariat schließlich zum letzten Mal verlasse, gebe ich dem Hotelangestellten am Schreibtisch einen Daumenhoch und sage: »Das ist jetzt wohl das letzte Mal, dass ich hier heruntergekommen bin!«

Er schaut kaum von seinem Computer auf und sagt anteilslos: »Na dann, schönen Abend.«

Ich stehe unbeholfen herum, in der Hoffnung, dass da noch mehr kommt. Kommt aber nicht. Ich bin froh, dass wir uns keine Tattoos stechen ließen.

Ich gehe wieder hoch und übergebe Conan die ganzen Karten. Er und Sweeney bedanken sich, und dann gehen alle, und ich bleibe hier. Allein.

So ist mein Job eben – ein Abend, an dem ich durch die kleinste Panne total gestresst bin, weil ich weiß, was auf dem Spiel steht. Solche Pannen kommen garantiert. Die Konsequenzen könnten so schwerwiegend sein, dass sie Conans Rede auf dem White House Correspondents' Dinner ruinieren könnten. Aber diese Seite sieht keiner. Die anderen sehen nur, wie ich aus dem Hotelzimmer gehe und dann mit den ganzen blauen Karteikarten wieder zurückkomme, die sie brauchen. Wenn sie mein Schwitzen oder die Flip-Flops überhaupt bemerken, verliert keiner jemals ein Wort darüber.

Conan lieferte seine Rede ab und war großartig und ich wollte am liebsten mitten im Applaus da hochgehen und sagen:

»Ich hab die Rede ausgedruckt!« Selbst jetzt, da ich dies im Rückblick schreibe, ist mir klar, wie unbedeutend das allen anderen erscheinen muss. Allen außer den anwesenden Assistentinnen, von denen ich sicher bin, dass sie meinen Stress in den eigenen Eingeweiden spüren können. Aber diese Problemchen sind alles, woran ich mich erinnere. Ich weiß nicht mehr, wen ich sah, oder welche Gespräche ich führte. Ich weiß nicht einmal mehr, was ich aß, wo mir Essen doch so wichtig ist.

Das Dinner erinnert mich an dieses eine Mal, als ich noch bei NBC arbeitete. Wir veranstalteten ein Presse-Event im Langham in Pasadena und man sagte mir, John Stamos brauche ein Zimmer im Hotel, in dem er sich vor seinem Interview ausruhen konnte. Mein Chef sagte mir, sie hätten keine Zimmer mehr frei, und dass ich seiner Pressefrau meinen Schlüssel geben müsse. Mein Zimmer war aber an dem Tag noch nicht gereinigt worden, also rannte ich die Treppe hoch, um es fertig zu machen für Stamos. Meine Freundin war da drinnen und machte sich für das Presse-Event zurecht, und ich stürmte ins Zimmer und kreischte: »Wir müssen den ganzen Scheiß hier rausschaffen! Stamos kommt!«

Es war die pure Panik. Wir hetzten uns fürchterlich ab und machten das Zimmer sauber und uns war bewusst, dass das Einzige, was zwischen John Stamos und einem Nickerchen stand, wir beide waren. Wir schrubbten und räumten auf und hofften, er würde es nicht merken, dass in dem Bett schon mal jemand geschlafen hatte. Sobald wir fertig waren, rannte ich runter zur Bar, wo, wie man mir gesagt hatte, Stamos' Pressefrau warten würde. Ich ging rein, spazierte zur Bar, wo sie gerade einen Drink einnahm, präsentierte ihr stolz den Zimmerschlüssel und sagte: »Das ist für Sie.«

»Und wofür ist das?«, fragte sie.

»Man hat mir gesagt, John Stamos würde ein Zimmer brauchen, um sich vor dem Interview auszuruhen, also hier ist der Schlüssel für das Zimmer.«

»Oh, danke. Er braucht es nicht mehr«, sagte sie, während sie an ihrem Drink nippte.

John Fucking Stamos.

Auch hier hat keiner verstanden, was für ein Stress und was für eine Panik hinter all dem gestanden hatten. Sie hatten einen Schlüssel verlangt und sie bekamen einen Schlüssel, und das war alles, was sie mitkriegten.

Mit der Zeit verschwanden der Stress und die Panik, die ich in solchen Situationen empfand. Das hörte auf, sobald mir klar wurde, dass das, was ich tun musste, auch erledigt werden würde, wenn ich entspannt blieb.

Schon bald nach dieser Veränderung war ich etwas *zu* entspannt und Conan regte sich auf, weil er das als Zeichen dafür verstand, dass ich mich nicht verantwortlich genug fühlte – dass diese Lockerheit bedeutete, ich würde in bestimmten Situationen nicht merken, welche Dringlichkeit hier erforderlich war. Und er hatte recht damit. Ich war zu weit ins Gegenteil umgeschlagen. Heute braucht es schon SEHR VIEL, bis ich nervös werde. John Stamos braucht ein Zimmer? Cool, er wird eines bekommen, wenn es fertig ist. Conan O'Brien braucht seine Rede für das White House Correspondents' Dinner als Druckversion? Schön, ich ziehe mein Kleid an und nehme mein Ticket mit, damit ich leichter am Secret Service vorbeikomme, und ich werde mich drum kümmern, sobald ich kann.

Dies ist der Beginn einer neuen Zeit, einer, in der ich mich neben Stamos' Pressefrau setze und mir ein paar Drinks hole. Dann, wenn ich damit fertig bin, werde ich tun, was getan werden muss. Wenn Sie jetzt denken: »Also wirklich, Sona, das hört sich nach einer fürchterlichen Arbeitseinstellung an«, dann haben Sie recht. Ich werde nie mehr einen anderen Job bekommen ... aber zumindest wird mich das nicht stressen.

## Füller

Ich war mit meiner Freundin Liesel beim Wandern, als sie mir sagte, ich solle doch dieses Buch schreiben. Ich dachte: »Toll! Vielleicht kann ich damit genug Geld verdienen, um meine Küche zu renovieren.« Was ich nicht bedacht habe, ist, wie viel *Arbeit* das machen würde. Ich weiß auch nicht, warum ich dachte, ein Buch zu schreiben würde leicht sein, aber das ist es nicht. Außerdem habe ich eine vorgegebene Anzahl an Wörtern, die ich schreiben muss, und ich habe es so weit aufgeschoben, dass ich jetzt kämpfen muss, um das alles zu schaffen. Seit ich mein Exposé geschrieben habe, trat eine weltweite Pandemie ein, ich kaufte ein Haus, wurde geschwängert und bekam zwei wunderbare, dicke Babys. Dies ist ein Füller-Abschnitt. Er ist kompletter Unsinn. Ich tippe nur einfach Wörter, damit ich mein Wörter-Soll erreiche. Ich bin so schlecht darin, die Aufgaben zu erledigen, die ich erledigen muss, dass ich in diesem Projekt einen ganzen Füller-Abschnitt einfüge.

Prokrastination war schon immer ein Problem für mich. Als kurze Auffrischung für viele von Ihnen: »Prokrastination« wird definiert als »das Verschieben, Aufschieben von anstehenden Aufgaben, Tätigkeiten«. Und was tat ich, statt dieses Buch zu schreiben, fragen Sie jetzt vielleicht? Ich machte eine Fremdsprachen-Phase auf Netflix durch. Ich begann mit der spanischen Serie *Haus des Geldes*, sah mir dann die französische Serie *Call My Agent!* an und rundete das Ganze ab mit der italienischen Serie *Summertime*. Immer wenn ich diese Serien fertiggeschaut hatte, fühlte ich mich, als spreche ich diese Sprachen fließend. »Fließend« wird definiert als »in der Lage zu sein, sich in einer Sprache leicht und gewandt auszudrücken«.

Ich sah mir auch sämtliche Staffeln von *The Great British Baking Show* und *Derry Girls* an. Obwohl sie auf Englisch sind, hatte ich plötzlich den Drang, mit britischem Akzent zu sprechen.

Diese Serien anzusehen erinnerte mich daran, wie ich auf Flitterwochen in Japan war. Mein Mann und ich gingen etwas trinken im Golden Gai-Viertel von Tokyo und gerieten zufällig in diese Bar. Wir tranken die ganze Nacht zusammen mit einem Katalanen, einem Briten, zwei Australiern und noch einem Amerikaner. Der Barkeeper hatte einen Spielzeug-Alligator, dem man die Zähne einzeln runterdrücken konnte, und derjenige, der den Zahn erwischte, bei dem das Maul zuging, hatte verloren; nur dass wir anfingen zu wetten, und wer den Zahn erwischte, bei dem sich das Maul schloss, gewann den Pot. Ich verlor 200 Dollar.

Wir waren zur gleichen Zeit in Japan wie Conan für seine *Conan Without Borders*-Tour. Nach Mexiko habe ich aufgehört, mit Conan zu den Filmaufnahmen für die Specials zu reisen. Es war schon früh klar, dass ich dort nicht nötig war. Ich konnte mich auch nie damit abfinden, dass ich die Länder nicht so kennenlernen konnte, wie ich gerne wollte – wir reisten zu den Locations und drehten dort stundenlang. Es war eben kein Urlaub; es war Arbeit. Arbeit, die richtig Spaß machte, aber trotzdem Arbeit. Als wir in Kuba filmten, verschwand ich für eine Stunde und kaufte ein Gemälde. Es dauerte ewig, bis ich den Rest der Crew wiederfand, und mir wurde klar, dass ich nicht einfach ziellos in einem fremden Land herumlaufen konnte, ohne einen konkreten Plan zu haben, wie ich wieder zu meinen Kollegen zurückkomme. Jedenfalls, nachdem ich mit Conan und Jeff Ross gesprochen hatte, beschlossen wir, es wäre wahrscheinlich besser, wenn ich nicht mit den anderen zu den Aufnahmen für die Serie *Conan Without Borders* mitreiste. Ich konnte zur Reisecrew nichts beitragen. Keiner bemerkte, dass ich nicht da war.

Als ich auf dem College war, habe ich immer alles aufgeschoben (wie so viele von Ihnen, die dies jetzt lesen, denn wenn Sie ein Buch mit dem Titel *Die schlechteste Assistentin der Welt* gekauft haben, stehen die Chancen gut, dass Sie sich damit identifizieren können). Ich habe einmal eine Nacht durchgemacht und eine zwölfseitige, fundierte Arbeit für mein

Ideologie-und-Propaganda-Seminar an der USC geschrieben. Ich bekam eine 1. Ich ändere mein Verhalten nicht, weil ich nicht unter den Konsequenzen leide. Es ist so schwer, sich zu motivieren, wenn ich einfach ein paar Edibles einschmeißen und mir zum dreizehnten Mal *Step Brothers* ansehen kann, anstatt die Arbeit zu tun, die ich tun sollte. *Step Brothers* ist ein Film von 2008 mit Will Ferrell und John C. Reilly. Er handelt von zwei unmotivierten, arbeitslosen erwachsenen Männern, die immer noch zu Hause wohnen und Stiefbrüder werden, als ihre Eltern heiraten. Sie sind sympathische Schwachköpfe, und ich vermute, bis zu einem gewissen Grad sehe ich mich selbst in ihnen. Ich würde auch meine Eier auf dem Schlagzeug eines anderen reiben, um ihn auf die Palme zu bringen (also, wenn ich Eier hätte … habe ich aber natürlich nicht).

Na jedenfalls, während der Pandemie habe ich angefangen zu stricken. Ich steigerte mich so hinein, dass ich anfing, *Grace and Frankie* im Serienmarathon zu schauen, damit ich etwas Lustiges zur Unterhaltung hatte, während ich strickte. Stricken wurde für mich eine wichtige Beschäftigung und ich sagte meiner Freundin Erica, dass ich ihr einen Schal stricken würde, und das tat ich auch, bis mir das Garn ausging. Ich hatte den Schal viel zu breit gemacht, also habe ich jetzt einen kurzen, breiten Schal – mehr breit als lang. Ich legte ihn in eine Schublade und habe ihn seitdem nicht mehr angerührt – wieder ein Projekt, das ich nie zu Ende brachte. *Grace and Frankie* ist eine Netflix-Serie über zwei Frauen im besten Alter, die entdecken, dass ihre Ehemänner sie miteinander betrogen haben. Es spielen Jane Fonda, Lily Tomlin, Martin Sheen und Sam Waterson. Mein Nachbar arbeitet daran.

Ja, also … was sonst noch? Ich bekomme durch meinen Job eine Menge Zusatzleistungen. Ich darf alle Geschenke behalten, die Conan nicht will, und die Leute schicken ihm oft richtig schöne Sachen. Immer wenn Conan und ich irgendwo hinfahren müssen, suche ich das teuerste Restaurant in der Gegend aus, wo wir danach essen können. Ich habe schon in einigen richtig schönen Hotels gewohnt und das hat mir die Wahrheit schmerzlich vor Augen geführt: Mein wahres Leben und mein Arbeitsleben sind sehr unterschiedlich, was die Reiseunterkünfte betrifft. Ich weiß noch, wie ich einmal für die Arbeit im Four Seasons gewohnt hatte, und in der folgenden Woche in Urlaub fuhr und in einer Jurte bei jemandem im Garten schlief, die ich auf Airbnb gefunden hatte. Als wir eincheckten, hörten mein Mann und ich, wie Leute im Haupthaus gerade Sex hatten. Wir sahen zum Schlafzimmerfenster hoch und sahen zwei nackte Menschen, die auf uns runterschauten. Abgesehen davon war die Jurte ganz süß, aber es war eben nicht das Four Seasons.

Ich frage mich, ob ich die Formatierung in einem Buch verändern kann. Ich frage mich, wenn ich in größerer Schrift und mit breiteren Rändern schreibe, wird das beim Druck übernommen? Ich weiß nicht, wie man die Ränder bei einer einzigen Seite eines Buches verbreitert, also ist es jetzt eben so.

Aber um noch mal auf den Kontrast zwischen meinem Leben als Assistentin und meinem normalen Leben zurückzukommen, ich war noch nie zuvor in einer höheren Klasse als mit dem Bus geflogen, und als wir auf die Tour gingen, begann ich damit, zu allen unseren Locations mit dem Privatflugzeug zu fliegen. Der letzte Stopp der Tour war Atlanta, und das Flugzeug, das American Express uns sponserte, würde Conan zurück zu seiner Familie bringen, und der Rest von uns musste mit Linienflug zurück nach LA fliegen. Als Kulanzleistung durfte ich erster Klasse zurückfliegen. Als ich in die Kabine der ersten Klasse kam, war ich schockiert, wie eng die Sitze nebeneinander lagen. Nach zwei kurzen Monaten, in denen ich mit dem Privatflugzeug geflogen war, konnte ich schon gar nichts anderes mehr akzeptieren. Ich war unerträglich. Die Realität meines Lebens ist aber das Busfahren. Ich habe das Geld, um mit dem Bus zu fahren. Ich bin nicht Beyoncé. Ich habe nicht die finanziellen Kapazitäten, um mit dem Privatflugzeug herumzufliegen. Also war es unvermeidlich, dass ich mich wieder an das anpasste, was ich zuvor gewohnt gewesen war. Das ist so, als würde man ein Huhn, das sein ganzes Leben im Hühnerstall verbracht hat, zwei Monate lang im Privatflieger fliegen, und es dann wieder in den Hühnerstall setzen. Dieser Füller-Ab-

schnitt ist zum Teil auch dazu da, dass ich näher an die Wörterzahl herankomme, die ich in meinem Vertrag zugesichert habe. Dann verdiene ich ja vielleicht so viel Geld, dass ich mir einen Privatjet leisten kann. Kleiner Scherz. Werde ich nicht.
Das ist alles, was ich tun kann. Überraschenderweise war dies hier einer der Teile, die mir beim Schreiben am meisten Spaß gemacht haben. Ich habe gehört, Stephen Kings Methode ist, bei einem Roman einfach mit dem Schreiben anzufangen, und dann zu sehen, wohin er ihn bringt. Dieser Abschnitt ist entscheidend von dieser Philosophie beeinflusst. Ich finde, ich bin wie Stephen King. Ich bin mir sicher, dass er das Geld für einen Privatjet hat.

# TEIL ZWEI

*Nachdem sie ihre dritte Episode von* The Office *für den Morgen fertig angesehen hat, beschließt Sona, in die Küche zu gehen und sich einen Snack zu machen. Als sie in die Küche kommt, hat sie das Gefühl, sie hätte vergessen, irgendetwas zu tun. Was war es noch, was Conan von ihr wollte? Sie wird sich schon irgendwann erinnern, aber noch ist es nicht so weit.*

*Sie betritt die Küche und die Praktikantinnen reden alle über eine neue App, von der sie noch nie gehört hat. Die Küche ist der Ort, wo die Praktikantinnen immer sitzen, und Sona ist es immer ein bisschen peinlich, wenn sie hereinkommt, weil sie weiß, sie hat immer weniger Bezug zu ihnen. Sie weiß nicht, was passiert ist, aber eines Tages wachte sie morgens auf und verstand nicht mehr, worüber sie redeten, und wusste nicht, wie sie sich am Gespräch beteiligen konnte. Sie muss aber in die Küche, wegen der Bagels. Und manchmal gibt es Erdnuss-M&Ms. Ab und zu haben sie sogar Cheez-Its. Und in einer guten Woche gibt es eine Menge White-Cheddar-Popcorn. Das Risiko lohnt sich also.*

*Sie betritt die Küche.*

**SONA**: (im Versuch, sich nahtlos ins Gespräch einzubringen, aber peinlich alt wirkend) Kanye, hm? Der ist so verrückt.

**EINE PRAKTIKANTIN**: Äh, ja.

*Das war's. Mehr hat sie nicht und jetzt steht sie unbeholfen da herum, während die anderen sechs ihr zusehen, wie sie einen Bagel auseinanderschneidet und die Teile in den Toaster steckt. Oh Gott, und jetzt muss sie warten, bis er getoastet ist. Das ist alles so furchtbar.*

**EINE PRAKTIKANTIN**: Wie ist Ihr Tag bis jetzt so?

**SONA**: Gut! Conan kam rein und bat mich, etwas zu tun, und es hörte sich wichtig an, und ich habe total vergessen, was es war.

*Die Praktikantinnen sind da, um etwas zu lernen, und gerade lernen sie gar nichts.*
*Sona blickt wieder zum Toaster. Ist das der einzige Toaster der Welt, der so lange braucht? Sie kann gar nicht glauben, wie lange er braucht. Es ist die Hölle. Es herrscht absolute Stille in der Küche, während sechs junge, wissbegierige College-Studentinnen Sona zusehen, wie sie zusieht, wie ihr Toast im Toaster toastet. Schließlich flötet eine von ihnen:*

**EINE PRAKTIKANTIN**: Haben Sie Angst, dass er sauer sein wird?

**SONA**: Nicht wirklich. Ich bin sicher, ich erinnere mich irgendwann daran, was er wollte.

*Der Toaster macht Bing. Es gibt keinen erlösenderen Ton auf der Welt. Sie holt den Frischkäse aus dem Kühlschrank. Die Praktikantinnen sehen zu, wie sie den Frischkäse dick auf ihren Bagel schmiert. Ist das zu viel? Ist der Bagel zu heiß, und wird der Frischkäse schmelzen? Sieht sie aus wie eine Idiotin?*

**SONA**: Wisst ihr schon, dass Michael B. Jordan gerade hier irgendwo dreht?

**EINE PRAKTIKANTIN**: Ja!

**SONA**: Er ist gestern hier herumgefahren und hat eine Freundin von mir aufgehalten, um ihr zu sagen, dass sie hübsch ist. Dann ist er weitergefahren.

*Die Praktikantinnen schnappen kollektiv nach Luft. Sona hat es geschafft. Sie hat die Praktikantinnen beeindruckt. Es war auch höchste Zeit – ihr Bagel ist fertig mit Frischkäse bestrichen und sie kann die Küche jetzt wieder verlassen. Und jetzt will sie ihre Freundin Erica besuchen. Sie besucht sie jeden Tag.*

**SONA**: Ciao, Leute!

*Sona verlässt die Küche und steuert Ericas Schreibtisch an.*

**SONA**: Hi, Erica!

*Erica sieht nicht auf. Sie weiß, wenn sie so tut, als sei sie beschäftigt, hält das Sona davon ab, zu lange an ihrem Schreibtisch zu bleiben.*

**ERICA**: Hey!

*Erica schaut wieder auf ihren Computer, sichtlich beschäftigt. Sona lehnt sich weiter über die Trennwand.*

**SONA**: Arbeitest du?

**ERICA**: Ja.

**SONA**: Brauchst du eine Umarmung?

**ERICA**: Ähm, also gut. Aber du kennst die Regeln. Nicht länger als drei Sekunden.

*Sona umarmt Erica, während diese steif dasitzt. Sona drückt immer zu fest und macht dabei die Augen zu. Erica verhält sich professionell. Während Sona die Extrovertierte par excellence ist, ist Erica introvertiert. Sie sind gegensätzliche Menschentypen, aber indem Sona jeden Tag an Ericas Schreibtisch kam, als sie mit ihrer Arbeit gemeinsam anfingen, hat sie Erica überrollt, und jetzt wird Erica sie nie mehr los.*

**ERICA**: Eins ... zwei ... drei ... Okay, das reicht.

*Sona lässt los. Sie liebt diese kleinen Siege.*

**SONA**: Okay, ich gehe jetzt wieder an meinen Schreibtisch. Vielleicht rufen dich später Queen Elizabeth und Prince Philip an.

**ERICA**: Oh nein, bitte nicht.

*Sona geht mit ihrem Bagel zurück an ihren Schreibtisch. Sie setzt sich hin und ruft sofort Erica an. Erica sieht, wer sie anruft, und nimmt widerstrebend das Gespräch an.*

**ERICA**: Was?

**SONA**: (mit einem fürchterlichen britischen Akzent, der sich anhört wie die Szene in *Mrs. Doubtfire*, in der sie einen Teller Schlagsahne im Gesicht hat, aus dem Kühlschrank auftaucht und »Hel-lo!« kreischt) Erica, hier spricht Queen Elizabeth. Ich rufe Sie von London, England, aus an.

**ERICA**: Das ist doch albern.

**SONA**: (ihre Stimmer wird noch höher, der britische Akzent noch exaltierter) Ich wollte Ihnen nur sagen, dass wenn Sie jemals in London sein sollten, Sie in den Buckingham Palace zu Tee und Crumpets kommen sollten. Das wird ausgezeichnet sein!

**ERICA**: Kann ich bitte einfach auflegen?

**SONA**: (mit dem absolut schlimmstmöglichen Ausdruck) Warten Sie, Prince Philip möchte mit Ihnen sprechen. (Sona wechselt in einen anderen furchtbaren britischen Akzent, der sich anhört wie eine Kombination aus Darrell Hammond, der versucht, auf SNL Sean Connery zu spielen, John Lithgow als Winston Churchill in *The Crown* und ein bisschen Neil Diamond, wie er »America« singt.) Erica! Hier spricht Prince Philip. Ich komme gerade von der Fasanenjagd.

**ERICA**: Wow. Okay.

**SONA**: (als Prince Philip, wie Prince Philip niemals geklungen hat) Jedenfalls, wie die Queen, meine Gattin, bereits sagte, Sie sollten einmal hier herüberkommen und hier abhängen.

**ERICA**: »Abhängen«? Wir verschwenden hier beide unsere Zeit.

**SONA**: (unzusammenhängend, fürchterlich und übertrieben britisch) Es war ganz reizend, mit Ihnen zu plaudern, Erica. Öh, good bye!

*Sona legt auf und kichert vor sich hin. Sie sieht in ihr E-Mail-Programm: Sie hat 68 ungelesene Nachrichten. Es ist Zeit, ein bisschen zu arbeiten, sonst wird Conan wissen, dass sie sich nicht daran erinnert, worum er sie gebeten hat. Sie wiederholt ihr Mantra: »Irgendwann fällt es mir schon wieder ein.«*

# PROFESSIONALITÄT

**ICH HATTE SCHON MIT LEUTEN VON DEN NACHRICHTEN,** aus der Politik, aus der Unterhaltungsbranche und vielen anderen Bereichen zu tun. Professionalität ist entscheidend, wenn man ernst genommen werden will. In E-Mails oder am Telefon mit Fremden ist mein Tonfall ein ganz anderer. Ich bin dann ein anderer Mensch. Manchmal denke ich mir, es wäre doch lustig, wenn Conan der Einzige wäre, der wüsste, wie unprofessionell ich sein kann – das wäre, als würde er ins Nichts hineinrufen, wie unprofessionell ich doch bin, und alle anderen würden denken: »So habe ich sie nie erlebt. Eigentlich fand ich, dass sie ziemlich beeindruckend war.«

Was also ist Professionalität? Wie ich gelernt habe, ist es professionell, wenn man sich der Menschen bewusst ist, mit denen man zu tun hat, und eine sehr klare Linie zieht zwischen dem Menschen, der man wirklich ist, und dem, der man in einem Arbeitsumfeld sein sollte. Wer am Samstagabend im Handstand Bier aus einem Fass getrunken hat, geht am Montag zur Arbeit und schreibt eine E-Mail, die Sätze wie »Wir werden später noch darauf zurückkommen« oder »Wir werden uns diesem Problem widmen, sobald es auftaucht« enthält. Ich bin ein solcher Mensch. Bei der Arbeit lache ich oft zu laut über auch nur ansatzweise lustige Dinge. Ich habe den Satz »Kommen Sie mal auf den Punkt« schon zu mehr Leuten gesagt, als ich es zugeben würde.

Aber bei Conan und mir als seiner Assistentin war die Professionalität bald dahin, nachdem ich bei ihm angefangen hatte. Anstatt Conan zu erlauben, auf meine Kosten Witze zu machen und nicht zu reagieren, begann ich, mich dagegen zu wehren. Das war mein erster Fehler. Dann, ehe wir uns versahen, nannte ich ihn vor der Kamera eine Arschgeige, und er nannte mich eine verrückte Armenierin.

Und ich zeigte mangelnde Professionalität nicht nur gegenüber Conan. Eines Tages war mein Freund und Arbeitskollege Dixon gerade dabei, Popcorn zu essen. Ich sah ihn mit einer Handvoll Popcorn dastehen, ging zu ihm hin, schlug ihm das ganze Popcorn aus der Hand und lachte ihn aus. Ich tat ihm nur dasselbe an, was Conan mir jeden Tag antut. Ich habe nur den psychopathischen Kreislauf weitergeführt. Jedenfalls sah mich Dixon später an diesem Tag, wie ich durchs Parkhaus lief, und er fand, es war die beste Gelegenheit für ihn, sich bei mir für meinen Scherz zu rächen. Er brüllte durchs geöffnete Fenster: »Dich krieg ich noch, du dumme Schlampe!« Nur, das war gar nicht ich. Die Frau sah von hinten zwar aus wie ich, aber er fuhr erst an ihr vorbei, nachdem er gebrüllt hatte, was er gebrüllt hatte, und sah dann erst, dass ich es gar nicht war. Manchmal denke ich dran, wie geschockt diese Frau gewesen sein muss, als sie einfach nur durchs Parkhaus ging und an nichts Böses dachte, und ein Typ in einem Mini Cooper brüllt ihr plötzlich Obszönitäten nach. Ich hoffe, es geht ihr gut.

Jedenfalls wurde ich zu einer strengen Arbeitseinstellung erzogen. Meine Eltern vermittelten meinem Bruder und mir gleichermaßen, wie wichtig Arbeit ist – all das auf der Grundlage jenes unbedingten Drangs, voranzukommen, wie man ihn so oft in Einwanderer-Familien findet. Wir fingen beide schon früh an zu arbeiten und wir waren immer pünktlich und respektvoll – außer dieses eine Mal, als ich von der Hollywood Bowl rausgeworfen wurde, natürlich. Je älter ich wurde, desto weniger gab ich auf Konformität im Beruf. Damals fing ich auch an, zu bemerken, wie der Job *mir* nützen kann, und nicht umgekehrt. Sicher, der Job ist gut bezahlt, aber *will* ich hier eigentlich jeden Montag auf der Matte stehen? Mein seelisches Wohlbefinden bekam Vorrang, und die Freiheit, ich selbst zu sein, war die neue Priorität. Und ich bin bei der Arbeit nicht professionell. Ich arbeite gern, aber ich will, dass es auch Spaß macht. Ich weiß, das bedeutet, dass es einige Berufe gibt, für ich nicht geeignet bin – Mitarbeiterin bei der Kfz-Zulassungsstelle, Richterin am Supreme Court, Pilotin, Gehirnchirurgin, Tagesmutter – aber in den meisten Jobs, die ich mir gesucht habe, ist es absolut möglich, die richtige Work-Life-Balance zu finden.

Jetzt sehen meine Eltern, was aus mir geworden ist – ihre Tochter schreibt tatsächlich ein Buch über ihre Erfahrungen als Assistentin beim Fernsehen mit dem Titel *Die schlechteste Assistentin der Welt*. Sie finden es schrecklich, dass ich Conan in der Öffentlichkeit als alles Mögliche bezeichne, aber das ist eben nun mal das Umfeld, das man mir geschaffen hat, und es ist das Umfeld, in das ich mich eingefügt habe. Dies ist der neue amerikanische Traum.

## Stalking

Hin und wieder kommt jemand in die Show, den ich wirklich aufregend finde. Nicht dass nicht jeder Gast aufregend ist, aber manche sind für mich aufregender als andere. Zufällig sind diese normalerweise immer Männer und sie sind normalerweise immer attraktiv.

Ich neige dann dazu, immer wieder dasselbe zu tun: Ich ziehe mich an diesem Tag extra-süß an und nehme mir extra Zeit für Haare und Make-up, als würden sie mich sehen und es würde ihnen irgendetwas bedeuten, und immer bin ich dann vor der Show im Green Room, auch wenn ich die Show die meiste Zeit von meinem Schreibtisch aus verfolge. Und trotz all dieser Mühen verstecke ich mich, sobald sie hereinkommen, und spiele die Schüchterne. Ich will nicht allzu aufdringlich erscheinen, denn dann verlieben sie sich nie in mich, also spiele ich stattdessen die Frau, die schwer zu kriegen ist. Und hat das schon jemals funktioniert, fragen Sie? Fuck, nein. Warum sollte so eine idiotische Vorgehensweise funktionieren? Ich gebe Ihnen mal ein Beispiel:

Also, ich stand schon immer auf Slash. Er war einer meiner ersten Schwärme, seit er in dem Video zu »November Rain« in Lederhosen und Lederjacke über dem nackten Oberkörper aus dieser Kapelle herauskam und an der Gitarre abging. Er ist zum Teil der Grund dafür, dass ich jemanden geheiratet habe, der Gitarre spielen kann. Er kam oft in die Show, weil er Jimmy Vivino ziemlich gut kannte, und er machte immer mal wieder ein bisschen was für die Show. Als er in den Green Room kam, stellte ich mich sofort hinter eine große Pflanze. Ich wollte einen Platz einnehmen, an dem ich zwar zu sehen war, der *mich* aber dennoch ausreichend verdeckte, und der trotzdem transparent genug war, dass ich *ihn* deutlich sehen konnte. Ich stand da, sabbernd und keuchend, bis er für was auch immer auf die Bühne gerufen wurde. Dann tauchte ich wieder hinter der Pflanze auf und tat, als sei alles normal. Ich beäugte alle attraktiven Typen, für die ich eine Schwäche habe, von dem Platz hinter der Pflanze im Green Room aus.

Kurze Randnotiz: Conan war einmal Gastgeber beim Warner-Bros.-Forum der Comic-Con. Es war das Jahr, in dem *Justice League* und *King Arthur: Legend of the Sword* herauskamen. Ich fuhr mit Conan zum Convention Center in San Diego und ich hielt mich in einem Warteraum auf, während Conan in Halle H mit seinem Gastgeber-Einsatz begann. Irgendwann musste ich etwas holen, das wir im Auto liegen gelassen hatten, also nahm ich den Aufzug, fuhr nach unten und holte es. Auf dem Weg zurück nach oben, als ich im Aufzug war und die Türen sich schon schlossen, schob sich eine große, schöne Hand herein und stoppte die Türen. Herein kam Henry Cavill, gefolgt von Charlie Hunnam. Wir waren nur zu dritt im Aufzug und ich schwitzte. Es war nur eine kurze Fahrt, aber sie fühlte sich an wie eine Stunde. Sie sprachen miteinander und selbst wenn Sie mir jetzt eine Pistole an die Stirn halten würden, ich könnte Ihnen kein einziges Wort davon wiederholen, das sie wechselten, weil ich so gebannt war von ihren schönen Gesichtern. Es war genau wie damals, als mich mein Highschool-Schwarm fragte, ob er sich von mir einen Stift ausleihen könne, und alles, was ich noch weiß, ist, dass ich auf seine Hände hinunterstarrte und ein pathetisches »Klar« murmelte. Dann erinnere ich mich noch, dass ich ihm sagte, er solle mir ins Klassenzimmer folgen, wo ich meine ganzen Sachen abgestellt hatte, und in meinem Federmäppchen herumkramte, auf dem Pekkle abgebildet war, eine Figur von Sanrio, und dass ich ihm meinen Lieblingsstift gab, weil ich dachte, dass er das würdigen würde. Obwohl, wenn ich jetzt so darüber nachdenke, wie zur Hölle sollte er denn wissen, dass das mein Lieblingsstift war? Es war meine Chance und ich habe sie vermasselt, indem ich ein kompletter Loser war, und ich fühlte mich in dem Aufzug, als würde ich genau das wieder tun. Ein Eisbrecher wie ein vertrauliches: »Ich liebe Ihre Arbeit« an beide hätte die ganze Situation verändern können. Aber nein, stattdessen stand ich da, schwitzte und starrte vor mich hin. Und dann verließen sie den Aufzug wieder. Ich hatte mir noch nie so sehr gewünscht, dass in einem Aufzug eine Pflanze steht.

Na jedenfalls, der Grund, aus dem ich meine Green-Room-Technik hier erwähne, ist, weil sie sich als praktisch erwies, als Conan Anfang 2020 Gastgeber bei der CORE Gala war, und Leonardo diCaprio unter den Teilnehmern war. Ich hatte gar nicht gewusst, dass Leonardo diCaprio da sein würde, bis ich auf der Suche nach einer Toilette ein Stockwerk tiefer ging, und da stand er und sah zu mir herüber, ob ich vielleicht jemand Wichtiges war (natürlich widmete er sich wieder seinem Gespräch, sobald er feststellte, dass ich das nicht war). Weil Conan der Gastgeber des Events war, erwartete man von mir, dass ich backstage zur Verfügung stand, für den Fall, dass er mich brauchte, um Mike Sweeney zu holen, einen Drink, einen Snack oder was auch immer. Stattdessen verbrachte ich den Großteil des Abends damit, Leonardo diCaprio zu stalken.

Wenn Leo eine Pause einlegte, um sich draußen mit einem Freund zu treffen, wer stand da hinter einer Pflanze? Ich, mit freundlichen Grüßen.

Wenn er an der Bar war, um sich ein erfrischendes Getränk zu holen, wer stand gleich daneben und holte sich auch einen Drink? Genau, ich schon wieder.

Wenn er mit Julia Roberts plauderte, wer saß an einem Tisch gleich daneben, den man ihr gar nicht zugewiesen hatte, und starrte heimlich hinüber? Erraten! Ich.

Das war mein ganzer Abend. Es war wie ein Tanz, bei dem nur einer von uns wusste, dass wir gerade tanzten. Ich hatte null Absichten, ihn anzusprechen oder auf irgendeine Weise mit ihm zu interagieren. Ich wollte ihn nur ansehen. Jetzt, da ich dies schreibe, wird mir erst klar, wie unheimlich das eigentlich ist. Ich sollte nicht in der Unterhaltungsbranche arbeiten. Und schon gar nicht in einem Job, in dem ich permanent A-Prominente treffe, ihnen helfe oder anderweitig mit ihnen Umgang habe. Aber ganz im Ernst, ich bin eine größere Gefahr für mich selbst als für irgendjemand anderen.

Nachdem ich dieses Stalking ziemlich lange betrieben hatte, wurde mir irgendwann klar, dass es nun reichte. Es kam der Punkt, an dem ich darüber reflektieren musste, was ich eigentlich den ganzen Abend gemacht hatte. Ich hatte meine Arbeitspflichten vernachlässigt, weil ich zu sehr damit beschäftigt war, einem Filmstar überallhin zu folgen, nur um ihn *anzusehen*. Und ich war ja kein Teenager mehr, der den Beatles hinterherlief – ich war eine erwachsene Frau mit einer Hypothek. Ich war auf einem Arbeitsevent.

Also änderte ich meine Vorgehensweise nach der Hälfte des Abends und verfolgte ihn nicht mehr. Ich saß an meinem Tisch, platzierte mich so, dass das Mittelstück vor mir war, und starrte ihn einfach von meinem Platz aus an, wie ein normaler Mensch. Ich erinnere mich nicht, wie Conan an dem Abend war, aber ich bin sicher, ich habe ihm gesagt, er hätte es großartig gemacht.

## Golf Carts

Angestellte bei Universal wie bei Warner Bros. fahren auf dem jeweiligen Gelände mit Golf Carts herum, um diese riesigen Campusse leichter zu durchqueren. Sie sind schnell und machen Spaß und sie erleichtern es einem, auf einem riesigen Filmgelände von A nach B zu gelangen. Sie sind auch ein grundlegendes Requisit in Hollywood – in Filmen, die über Filme gemacht werden, sieht man Manager und Stars, wie sie in Golf Carts herumfahren. Es war aufregend für mich, als ich erfuhr, dass ich eines zur Verfügung haben würde, aber ich lernte schnell, dass Golf Carts kein Spielzeug sind.

### Eine Golf-Cart-Liebesgeschichte

2009, als Conan *The Tonight Show* auf dem Universal-Gelände aufnahm, unternahmen ein Praktikant und eine Praktikantin von uns eine Spritztour mit dem Golf Cart, und als sie zurückkamen, war die Praktikantin verletzt. Der Praktikant, der am Steuer saß (nennen wir ihn Jack) hatte ein Auge auf die mitfahrende Praktikantin geworfen (nennen wir sie Rose ... ja, genau wie im Film, denn nach dieser Fahrt mit dem Golf Cart sank jede Aussicht auf eine Romanze mit ihr wie die *Titanic*). Um so schnell wie möglich wieder zurück zum Büro zu kommen – und um Rose zu imponieren –, nutzte Jack das hügelige Terrain des Universal-Geländes voll aus und tat so, als sitze er am Steuer einer Chevy-Corvette auf offener Landstraße. Obwohl Golf Carts nur bis zu einer bestimmten Geschwindigkeit beschleunigen können, werden sie doch schneller, wenn man einen Hang hinabfährt. So ganz ohne Türen und Fenster ist es aber nicht immer gut, wenn man immer schneller wird.

Rose hat es zu Anfang einen Riesenspaß gemacht, mit sage und schreibe 30 Stundenkilometern über das rückseitige Gelände von Universal zu sausen. Es wurde jedoch ziemlich schnell klar, dass Jack immer mehr die Kontrolle verlor, je steiler das Gelände wurde. Der Ausdruck von Spaß auf ihren Gesichtern verwandelte sich in Schrecken, als sie merkten, dass es gefährlich für sie wurde. Und es kam noch schlimmer – vor ihnen lag eine Kurve. Jack stemmte sich mit aller Kraft dagegen und nahm die Linkskurve viel zu schnell ... wobei er nur knapp verhindern konnte, dass das Golf Cart sich überschlug. Als die Kurve genommen war, seufzte er vor Erleichterung tief auf und sah zu Rose hinüber, um zu sehen, wie sie reagierte, nur – sie war nicht mehr da.

Sie war aus dem Golf Cart geflogen.

Und zwar nicht in einem eleganten Salto oder einem harmlosen Purzelbaum – sie wurde aus dem Golf Cart geschleudert wie eine Flickenpuppe. Als sei sie aus Stroh. Es war klar, dass sie verletzt war. Jack sah sie dort am Boden liegen und wusste, jede Hoffnung, mit ihr auszugehen, war verpufft, während sie blutend dalag und vor Schmerzen stöhnte.

Noch schlimmer, der Fahrer einer Touren-Trambahn, die vorbeifuhr, hatte es gesehen und hielt an, um nachzusehen, was mit ihr war. Die Bahn war voller Touristen, die nun mit offenen Mündern und klickenden Kameras dasaßen. Was muss das für eine Freude für sie gewesen sein, von wo auch immer sie herkamen bis nach Los Angeles gereist zu sein, eine Tour über ein echtes Filmgelände zu machen, und dann noch Zeugen zu werden, wie ein College-Student eine Kurve zu schnell nahm und eine College-Studentin aus dem fahrenden Golf Cart fliegt, auf dessen Flanke in riesigen Lettern die Worte »THE TONIGHT SHOW WITH CONAN O'BRIEN« prangten. Wahrscheinlich dachten sie, es gehörte zu irgendeiner Stunt-Nummer.

Der Tram-Tourguide rief die Gelände-Security und zahlreiche Security-Golf-Carts sowie die Gelände-Feuerwehr kamen herbeigefahren, auch in Golf Carts. Sie versorgten Roses Verletzungen und stellten Jack eine Million Fragen, was passiert sei. Da das Golf Cart zur Show gehörte, rief man auch unseren Büro-Koordinator an, und nach kurzer Zeit hatte jeder bei der Show erfahren, was passiert war. Als wir erfuhren, dass es Rose gut ging, wandte man sich Jack zu. Niemand hatte je zuvor gehört, dass jemand seine Chance bei einer Flamme vertan hatte, weil er dafür verantwortlich war, dass sie aus einem fahrenden Golf Cart geflogen war. Wir zogen ihn während seiner restlichen Praktikumszeit permanent damit auf.

## Wie Conans Kinder in einem See feststeckten

Die Praktikanten sind aber nicht die Einzigen, die die Golf Carts für ihre Zwecke missbrauchen. Ich hatte auch schon ein paar Pannen damit. Und ich rede gar nicht von der Zeit, in der ein paar von uns immer mit dem Golf Cart aus dem Gelände raus und auf die Straße fuhren, um sich Ramen-Nudeln zu holen. Wir nahmen die Leute eben beim Wort, wenn sie unsere Golf Carts »straßentauglich« nannten, und schneller als wir schauen konnten, hatten wir eine Schlange von wütenden Fahrern in ihren Chevy Tahoes* hinter uns, weil wir den Verkehr auf dem Barham Boulevard aufhielten. Wir bettelten förmlich darum, auf der Straße umzukommen, aber wir fuhren herum und holten uns Ramen-Nudeln und kamen heil wieder zurück.

Aber ich rede hier nicht von diesen Zeiten. Ich rede über das eine Mal, als ich mit Conans Kindern im Golf Cart eine Tour über das Gelände machte und im Schlamm stecken blieb.

Wenn Conans Kinder Neve und Beckett ihn bei der Arbeit besuchen kamen, war das die einzige Gelegenheit, bei der ich wirklich alles gab. Sie wurden abgesetzt, verbrachten den Tag, indem sie in Meetings herumsaßen, Zeit mit ihrem Vater ver-

* Anm. d. Übers.: Chevrolet Tahoe ist ein (Oberklasse-)Fullsize-SUV der Marke Chevrolet.

brachten, und wenn er irgendwo hinmusste, um etwas zu erledigen, wo sie nicht mitkonnten, spielte ich mit ihnen Videospiele oder führte sie auf dem Gelände herum. An diesem einen Tag beschloss ich, es sei eine gute Idee, mit ihnen eine Tour über das Warner-Bros.-Gelände zu machen.

Es ist ein großer Spaß, das Gelände zu erkunden – man kann die Häuser aus *Full House* oder *Gilmore Girls* sehen, an den Orten herumfahren, wo die Außenaufnahmen von *Friends* und *ER* gemacht wurden, und den berühmten Warner-Bros.-Wasserturm ansehen. Es gibt auch einen See.

Wie mir meine Freundin verriet, die Tourguide auf dem Warner-Bros.-Gelände war, wurde der See für *Jurassic Park, ER, Gilmore Girls, Pretty Little Liars* und viele andere Produktionen verwendet. Dort in der Nähe hat man auch die Außenaufnahmen für *True Blood* gemacht. Aber an dem Tag, an dem ich mit Conans Kindern die Tour machte, war der See leer. Es war ein großes, leeres Loch, umgeben von Bäumen. Also dachte ich, aus Gründen, die ich heute noch nicht verstehe, es sei eine gute Idee, in das Loch hineinzufahren. Vielleicht um eine bessere Aussicht zu haben? Vielleicht weil es leer war und einladend aussah? Oder vielleicht, weil ich einfach ziemlich doof bin.

Als ich also mit Neve und Beckett, die zu der Zeit zehn und acht Jahre alt waren, in die leere, eingesunkene Fläche hineinfuhr, dachte ich, sie würden das cool finden. Und das war es auch. Aber als wir versuchten, wieder rauszufahren, schaffte das Golf Cart die Steigung aus der Senke heraus nicht. Wir ließen uns zurückrollen, holten Schwung, fuhren den halben Hang hinauf, um zurück auf die Straße zu kommen, aber dann rutschten wir langsam wieder zurück in den leeren Seegrund. Das machten wir weit öfter, als ich gerne zugeben möchte. Irgendwann bat ich Neve und Beckett, aus dem Golf Cart auszusteigen, um das Gewicht darin zu reduzieren, weil ich dachte, das würde etwas nützen. Aber wenn ich raten sollte, wer von uns dreien das Golf Cart mit seinem Gewicht herunterdrückte, würde ich nicht auf die beiden Kinder tippen. Ich würde eher auf die erwachsene Frau tippen, die sie in das Loch gebracht hatte.

Es kam niemand vorbeigefahren, also waren wir auf uns gestellt. Zum Glück fanden sie es lustig, anstatt zu denken, dass ich hier grob versagte. Und ich fand es anfangs auch lustig, aber dann begann ich, mir Sorgen zu machen, wie ich dieses blöde Golf Cart jemals aus dem leeren See kriegen sollte. Ich überlegte schon, es stehen zu lassen und Praktikantinnen loszuschicken, um es zu holen. Dann sollten die herausfinden wie. Aber es war etwas weit bis zum Gelände zurück und genau wie alle Golf Carts für Conans Show war in riesigen Buchstaben der Schriftzug »CONAN« darauf geklebt worden. Es hätte zu viele Fragen gegeben. Ich überlegte mir sogar, Neve zu zeigen, wie man ein Golf Cart fährt, sodass sie es alleine den Hang hinauffahren könnte – vielleicht würde das Cart ohne mein Gewicht schneller fahren können. Aber ich brauchte nicht lange, um zu verstehen, dass das eine furchtbare Idee war. Nach einiger Zeit wurde mir klar, was ich tun musste: Ich musste Conans Kinder bitten, mir zu helfen, das Golf Cart aus dem leeren See herauszuschieben.

Diese erlesenen Kinder stellten sich also mit mir zusammen hinter das Golf Cart und schoben mit all ihrer Grundschulkinder-Kraft an. Sie waren keine große Hilfe. Im Grunde tat ich alles, aber es war schön, ihnen das Gefühl zu geben, dass sie etwas bewirkten. Nach einer überraschend langen Zeit, die wir in diesem riesigen leeren See festgesteckt hatten, schafften wir es endlich, das Golf Cart wieder auf den Hauptweg zu bekommen.

Das ist jetzt vielleicht das erste Mal, dass Conan diese Geschichte in voller Länge zu hören bekommt. Ich glaube, als Neve und Beckett ihm von dem grauenvollen Abenteuer erzählten, das wir erlebt hatten, spielte ich es herunter und ließ es aussehen, als ob wir nur ein bisschen stecken geblieben seien und binnen Minuten wieder draußen waren.

Conan, wenn du dies hier liest: Deine Kinder waren nie in irgendeiner echten Gefahr. Stell dir einfach vor, dass man ein Fahrzeug in einen großen leeren Pool fährt, dann in dem Pool stecken bleibt, und nicht weiß, wie man wieder herauskommt, weil das Fahrzeug die Steigung nicht schafft, um wieder zurückzukommen. Genau das war es.

Nach dieser Fahrt mit dem Golf Cart hielten sich Neve, Beckett und ich an endlose Rennen in *Mario Kart* anstatt irgendwelcher Abenteuer draußen. Es war sicherer so.

## Ein Golf Cart und ein Polizeiauto

Bei mehr als einer Gelegenheit ging ich mit Freunden aus, wenn der Arbeitstag vorbei war, trank zu viel und machte mich dann auf die Suche nach einer Möglichkeit, wie ich ohne Auto zu fahren nach Hause kam. In meiner Anfangszeit bei Conan gab es noch kein Uber oder Lyft, also musste ich immer jemanden bitten, der in meiner Nähe wohnte, mich nach Hause zu fahren.

Meine Freundin Lindsay Sheehan war ein paar Jahre lang die Assistentin des Chefproduzenten Jeff Ross. Wir beide gingen eines Tages nach der Arbeit zum Sushi-Essen, tranken zu viel, schliefen auf Jeffs Couch in seinem Büro und fuhren am Morgen nach Hause.

Ein anderes Mal hatte ich ebenfalls ein bisschen zu viel getrunken, und zwar im Smoke House gleich die Straße runter vom Warner-Bros.-Gelände. Während der Arbeit erbrach ich mich dann im Parkhaus.

Einmal traf ich mich mit einem alten Freund von NBC, trank zu viel, ließ mein Auto vor der Bar stehen und bat dann die Praktikantinnen, es am nächsten Tag für mich zu holen. Ich habe das an einem von Conans Homeoffice-Tagen erwähnt, als er sich mit den Praktikantinnen traf.

Aber dieses eine Mal gingen meine Freunde und ich abends essen und sie tranken alle einige Drinks – ich war Fahrerin, also war ich nüchtern. Als wir zurück zum Universal-Gelände kamen, sahen wir, dass vor unserem Studio ein Polizeiauto stand.

An jenem Tag hatten wir in der Show eine Szene mit dem Polizeiauto gemacht und unsere Requisiten-Abteilung hatte es vor dem Studio stehen lassen, damit sie es am nächsten Tag zurückbringen konnten. Sie hatten auch die Schlüssel im Auto gelassen. Also stiegen wir ein und fuhren mit dem Auto um unser Studio herum. Wir dachten uns nichts dabei.

Als wir aber um die Ecke fuhren, sahen wir einen Security-Mann, der die Nachtschicht hatte. Auch wenn wir nur 10 Stundenkilometer fuhren, wurden wir unglaublich nervös und hielten einfach mitten auf der Straße an. Völlig ohne Grund.

Also, wenn Sie dieser Security-Mann wären, stellen Sie sich mal vor, Sie würden mitten in der Nacht über ein ausgestorbenes Gelände spazieren. Da ist nie was los, weil Sie die Friedhofsschicht erwischt haben. Dann plötzlich sehen Sie, wie aus dem Nichts ein Polizeiauto unglaublich langsam um die Soundstage der *Tonight Show* herumgefahren kommt, was überhaupt keinen Sinn ergibt, weil das Gelände sein eigenes Security-Team hat. Dann hält das Polizeiauto völlig ohne Grund mitten auf der Straße an.

Wir mussten uns etwas ausdenken, damit der Security-Mann sich dem Auto nicht nähern würde. Wir wussten, wenn er sah, wie wir herumfuhren, konnten wir Ärger bekommen, weil wir ein Polizeiauto fuhren, und wir waren ja nicht die Polizei. Mir fiel nichts anderes ein, also streckte ich die Hand aus dem Auto und winkte ihm. Ein vertrautes, selbstsicheres Winken, von dem ich hoffte, dass es die Botschaft vermittelte: »Hallo, Kollege vom Security-Dienst.«

Ganz egal, dass in dem Auto drei junge Damen saßen, die zivile Kleidung trugen. Ganz egal, dass ein Polizeiauto mitten in der Nacht auf dem Universal-Gelände nichts zu suchen hatte. Alles, was für diesen Security-Mann zählte, war, wenn irgendetwas verdächtig wäre, hätte ich ihm nicht so vertraut zugewunken. Nach einer kurzen Pause hob der Security-Mann zögerlich die Hand und winkte uns zurück. Ich danke meiner verdorbenen Jugendzeit für diesen Geniestreich.

Dann gab ich Gas und fuhr zurück zum Studio, mit 10 Stundenkilometern dahinschleichend. Der Security-Mann starrte uns nach und wusste, irgendetwas stank an der Sache, aber er wusste auch, sein Gehalt gab ihm nicht den nötigen Antrieb, um sich darum zu kümmern.

Als wir zum Studio zurückkamen, machten wir ein Foto mit dem Polizeiauto, schickten die Fotos unserer Requisiten-Abteilung, und als wir uns umsahen, stand da das Golf Cart.

Was wirklich Spaß macht, wenn man auf dem Universal-Gelände arbeitet, ist, dass das Gelände sehr bekannt ist. Es ist wie ein Themenpark. Leute kommen von überall auf der Welt her, um das Universal-Gelände zu sehen und eine Tram-Tour übers Gelände zu machen. Wir hatten das Glück, jedes Mal, wenn wir zur Arbeit gingen, dort hineinzugelangen. Als wir das Polizeiauto geparkt hatten, wurde uns klar, dass dies unsere erste Fahrt gewesen war. Es war Zeit, dass wir einmal mit dem Golf Cart eine Tour übers Gelände machten.

Wir fuhren zum Haus, in dem Norman Bates wohnte, und wollten schon fast hineingehen (am Ende hatten wir zu viel Angst). Dann fuhren wir hinüber zum Bates Motel und überlegten uns, so zu tun, als würden wir einchecken (hatten aber wieder zu viel Angst). Schließlich kamen wir zum Courthouse Square, an dem *Zurück in die Zukunft* und viele andere Filme und Fernsehshows gedreht wurden. Wir machten die ganze berühmte Tour durch das Universal-Gelände. Es war uns egal. Der Security-Mann war nirgends zu sehen.

✦

Obwohl es keine große Sache zu sein scheint, sich auf dem Gelände zu bewegen – die Freiheit, ungezwungen auf dem Gelände herumstreifen zu können, auf dem ich arbeitete, machte es mir zum Spielplatz. Auch wenn manche Leute das Set eines Meisterwerks von Alfred Hitchcock als heiligen Boden verehren, ich stellte mir immer gerne vor, es sei nur dazu da, dass ich es genieße und mit meinen Freunden darauf herumtolle. Fast so, als ob Hitchcock *Psycho* nur gemacht hätte, damit 50 Jahre später meine idiotischen Freunde und ich auf einem Golf Cart herumfahren können und Fotos mit dem Set aufnehmen können. Manche Leute empfinden die Erlaubnis, diese Drehorte legendärer Produktionen zu betreten, als Verpflichtung, die Heiligkeit dieser Orte zu bewahren. Ich dagegen finde, der Kick liegt gerade darin, sie für meine privaten Fotos zu nutzen. Weil ich ein Profi bin.

## Dienstreisen

Im Oktober 2010, einen Monat vor dem gesetzten Termin für die Premiere von Conans neuer Show auf TBS, kam American Express auf Conan zu, ob er nicht ein paar Werbespots für ihre Marke drehen würde. Nach der Zusammenarbeit mit deren Werbeteam war eine von den Ideen, die Conans Autoren vorschlugen, ihn für einen Teil der Werbeaufnahmen nach Indien fliegen zu lassen, und, siehe da, American Express war mit der Idee einverstanden. Conan würde ein paar Mitarbeiter brauchen, die mit ihm reisten. Aber Conans Chef-Autor Mike Sweeney und sein Chef-Produzent Jeff Ross steckten beide tief in den Vorbereitungen für die nächste Show und so war ich die einzige verbleibende Option. Also fragte Conan mich, ob ich mit ihm nach Indien fliegen wolle, um ihm zur Hand zu gehen, während er den Werbespot für American Express drehte. Natürlich stimmte ich liebend gerne zu.

Wenn ich davon spreche, *wie* wir nach Indien flogen, ist das keineswegs metaphorisch gemeint. Es ist auch keine falsche Bescheidenheit dabei, denn ich bin mir sehr wohl bewusst, dass ich dieses Privileg nicht zugestanden bekam, weil ich irgendetwas dafür getan hatte. Ich bin mir auch bewusst, wie widerlich dies ist, aber weil American Express sämtliche Ausgaben für die Reise bezahlte, flogen Conan und ich nach Indien erster Klasse mit Emirates Airlines.

Wie ich schon zuvor sagte, ich bin der Typ Economy Class. Ich bin es gewöhnt, für jede Kleinigkeit im Flugzeug zu zahlen – extra Chips, eine Tragetasche, Alkohol, Kopfhörer, alles. Als ich meinen in Montebello, Kalifornien, geborenen Hintern also in die erste Klasse bei Emirates schwang, betrat ich eine Welt, die mir völlig neu war.

Es gibt nicht allzu viele Sitze in der ersten Klasse, denn sie kosten eine exorbitante Summe (irgendwer sagte mir, sie würden 25 000 Dollar kosten, aber das habe ich nicht überprüft). Außerdem sind es keine wirklichen Sitze; es sind SUITEN MIT VIER WÄNDEN. Jawohl, vier Wände. Man setzt sich hin und schließt die Tür, und man ist umgeben von vier Wänden. Wenn es Schlafenszeit ist, schalten sie das Licht aus (es erscheinen dann künstliche Sterne an der Decke der Erste-Klasse-Kabine) und schicken einen in einen süßen Erster-Klasse-Schlaf.

Mitten im Flug wachte ich auf, weil mir heiß war, und merkte, dass mich keiner sehen konnte, also tat ich, was jeder normale Mensch tun würde, und zog meine Hose aus. Im Flugzeug. Wie geil ist das denn! Ich schlief wieder ein in meiner hosenlosen Herrlichkeit und in dem Wissen, dass mich keiner sehen, verurteilen oder anfassen konnte. In den Momenten, in denen ich wach war, lümmelte ich mich obszön in meinen Sitz, schlürfte Champagner und sah mir *Glee* an. Ich weiß nicht, zu wem ich wurde, welches Alter Ego die Kontrolle über meinen Körper übernahm, aber ich hatte das Gefühl, ich gehöre in die erste Klasse, und wollte hier nie mehr raus. Als wir schließlich 14 Stunden später nach Dubai kamen, um unseren Anschlussflug nach Jaipur zu nehmen, frage ich, ob ich nicht im Flugzeug bleiben könnte.

Schließlich kamen wir nach Indien und wohnten in diesem unglaublichen Hotel, das früher mal das Zuhause eines Maharadschas gewesen war. Es gab dort einen Mann, der im Garten zwei Stöcke zusammenschlug, um die Vögel zu vertreiben. Das war sein Job.

Ich weiß, ich war dort, um Conan und dem Produktionsteam zu helfen, wenn sie irgendetwas brauchten, aber ich wurde von dem ganzen Luxus so überrollt, dass ich ein nutzloser Blob wurde. Wir gingen aufs Set und ich saß einfach im Schatten und aß das Essen vom Catering-Service, wie eine Königin. Ich weiß nicht, ob ich für irgendjemanden auf dieser Reise irgendetwas tat, inklusive Conan. Ich fotografierte mich in meinem Zimmer mit dem Seiden-Morgenmantel vom Hotel. Ich traf mich mit Conan morgens zum Frühstück und aß reichhaltige Brotaufstriche. Abends bestellte ich mir teure Getränke zum Essen. Ich war eine ganz neue Frau. Es war, als hätte American Express dafür gezahlt, dass ich nach Indien reise, und Conan wäre eben auch mitgekommen.

Zu der Zeit hatte ich einen Freund und wir waren erst ganz frisch zusammen, als ich nach Indien flog, also versuchte ich von Zeit zu Zeit, mit ihm zu skypen. Einmal ging ich shoppen und kaufte ihm eine Sitar. Als wir zurück nach LA flogen, legte ich die Sitar in eine der leeren Erster-Klasse-Suiten. Diese Reise fand statt, als ich anderthalb Jahre für Conan gearbeitet hatte, und mir wurde klar, dass ich mich von jetzt auf gleich verändern konnte und würde – dass es in mir eine Person gab, die keinerlei Hemmungen hatte, wenn sie mit einem dekadenten Leben in Kontakt kam. Für Conan wäre es besser gewesen, er hätte gar niemanden mitgenommen. Wenn ich überhaupt irgendetwas beitrug, dann war es Stoff für improvisierte Gags. Einmal sah Conan gerade im Flugzeug aus dem Fenster und ich hatte meinen Champagner in der Hand und sah fern, und Conan sagte, ich solle mal herkommen und mir die russische Landschaft ansehen. Ich war aber so vertieft in *Glee*, dass ich sagte, ich würde mir das später ansehen. Er liebt es, den Leuten zu erzählen, dass ich mir lieber *Glee* ansehe als die russische Topografie. Wenn ich ihm irgendetwas gegeben habe, dann war es diese Geschichte. Und das war's.

Geschäftsreisen sind ein wichtiger Teil jedes Jobs, bei dem man reisen muss. Sie sind eine Gelegenheit, den eigenen Kollegen vorzuführen, wie man sich außerhalb des Büros benimmt, und die meisten Leute offenbaren ihre unprofessionelle Seite niemandem, mit dem sie zusammenarbeiten, und schon gar nicht ihrem Chef. An jenem Tag, als ich in meiner eigenen Emirates-Suite Champagner schlürfte und fernsah, zeigte ich Conan mein wahres Selbst: jemand, der ans Busfahren gewöhnt ist und eindeutig nicht mit dem Luxus umgehen kann, in dessen Genuss sie nur kommt, weil sie auf seiner Erfolgswelle mitschwimmt. Ich schob meine Professionalität beiseite und beschloss, die Gelegenheit zu nutzen und es mir bequem zu machen.

Anstatt vorzugeben, dass es diese Seite von mir nicht gebe, beschloss ich, sie voll auszuleben. Das Gefühl dabei war ähnlich wie in einem von den *Spiderman*-Filmen mit Tobey Maguire, als Peter Parker Venom seinen Körper überlässt und von der Macht, die er fühlt, total berauscht wird. Das führt zu einer tiefgreifenden Veränderung in seinem Verhalten, seiner Erscheinung, und seiner ganzen inneren Haltung. Ich bin Peter Parker, und die Vergünstigungen, die ich durch meinem Job bekomme, sind Venom. Ich weiß nicht mehr, wie es im Film weiterging, aber ich bin sicher, für Peter endete es großartig.

## Unsere Reise zur UCSD

Im Frühjahr 2012 plante der *Hollywood Reporter* eine Coverstory über Conan. Die Reporterin, Stacey Wilson Hunt, ist eine langjährige Journalistin im Bereich Unterhaltungsbranche und auch sonst ein ganz wunderbarer Mensch. Ein Teil der Story war, dass Stacey mit uns zum Campus der University of California in San Diego (USCD) reiste, um dabei zu sein, wenn

# WIE MAN BEI DER ARBEIT EIN NICKERCHEN MACHT

1. Wenn Sie mit Ihrem Chef Möbel für sein Büro aussuchen, gehen Sie mit ihm eine Couch kaufen. Das wird aus Ihnen nicht nur einen angenehmen Gesprächspartner für Smalltalk machen, sondern Sie können auch einige Couchen ausprobieren, ob sie sich für ein Nickerchen eignen.

2. Wählen Sie keine Couch, die zu hart ist, damit Sie bequem darauf schlafen können. Wählen Sie aber auch keine, die zu weich ist, damit Sie nicht allzu bequem liegen und Ihr einstündiger Powernap zum zweistündigen Powernap wird.

# SCHLAFEN BEI DER ARBEIT (FORTSETZUNG)

3. Nun, da wir die richtige Couch gefunden haben, müssen wir bei ihrer Platzierung strategisch vorgehen. Stellt man sie an eine Stelle, die von der Tür aus leicht sichtbar ist? Natürlich nicht! Sorgen Sie irgendwie dafür, dass sie an einem verdeckteren Ort aufgestellt wird.

Gewonnen!

# SCHLAFEN BEI DER ARBEIT
## (FORTSETZUNG)

4. Lernen Sie in den folgenden Monaten, wie sich die verschiedenen Gangarten anhören. Wenn Sie den Gang Ihres Chefs heraushören, können Sie dieses Wissen nutzen und das letzte Hindernis ins Schlummerland eliminieren – Ihren Chef.

5. Sie sind die Herrin über seinen Terminkalender. Entscheiden Sie also, wann Sie schlafen wollen, und setzen Sie für ihn ein Meeting so weit von Ihnen entfernt wie möglich an.

# SCHLAFEN BEI DER ARBEIT
## (FORTSETZUNG)

6. Fast schon am Ziel.

7. Gehen Sie in sein Büro.

# SCHLAFEN BEI DER ARBEIT
## (FORTSETZUNG)

8. Prüfen Sie, ob irgendwelche Spitzel herumlaufen.

9. Schlafen Sie.

man Conan ehrte, indem man eines der Colleges am Campus vorübergehend »Conan O'Brien College« nannte.

Die UCSD umfasst mehrere verschiedene Undergraduate-Colleges. Ich vermute, es ist ein bisschen wie Hogwarts, aber ich habe die Harry-Potter-Bücher nie gelesen und auch die Filme nicht angesehen, also gehe ich nur davon aus, was ich glaube, wie Hogwarts ist. Vielleicht ist es also nicht wirklich eine gute Analogie. Weiß ich nicht. Jedenfalls, es gibt sieben Undergraduate-Colleges an der USCD. Die Studierenden können dort herausfinden, welches College ihrer Persönlichkeit und ihren Zielen am College am besten entspricht. Bei der Feier zum zehnjährigen Bestehen benannten die Studierenden in einem College ihres für diesen Tag in »Conan O'Brien College« um.

Um das zu feiern, nahmen Conan, ein paar unserer Mitarbeiter vom Digital-Team, unser Publizist Drew Shane, Stacey und ich allesamt den Zug nach San Diego zu dem Event. Wir übernachteten in einem Hotel in der Nähe und wir würden am nächsten Morgen wieder zurückfahren.

Als wir zur UCSD kamen, wurde es ein langer Tag aus Zusammentreffen mit Studierenden, Campus-Führungen und schließlich noch einer Fragestunde, die ein Student zusammen mit Conan vor einem Publikum von Tausenden UCSD-Studierenden und Fakultätsmitgliedern durchführte. Es war ein großartiger Tag.

Als wir zurück zum Hotel kamen, nahm ich ein Marihuana-Edible, um runterzukommen und mich langsam fertigzumachen fürs Bett. Gleich nachdem ich das Edible genommen hatte, bemerkte ich eine Textnachricht von Drew, die besagte, dass alle noch im Hotel zu Abend essen würden. Hielt es mich von einem kostenlosen Essen ab, dass ich ein Edible genommen hatte? Natürlich nicht. Hätte es das tun sollen? Ja.

Ich bin keinesfalls eine Kifferin. Ich ziehe mir keinen Morgenjoint rein. Ich bin nur selten, wenn überhaupt, bei der Arbeit high. Aber wenn man mir am Ende eines langen Tages ein Edible gibt und mich *Parks and Recreation* streamen lässt, versetzt mich das an meinen Glücksort. Und dies war wirklich ein langer Tag gewesen.

Ich traf mich mit den anderen zum Abendessen im Hotelrestaurant und die ersten 40 Minuten lang war ich ganz normal. Ich brachte mich ins Gespräch ein, wenn Stacey Conan ab und zu etwas über den Tag fragte und für die Story, die sie schrieb, mehr darüber erfahren wollte, wie er die Interaktion mit seinen Fans gestaltete. Jeder war in Bestform, denn eine Coverstory im *Hollywood Reporter* ist eine große Sache. Es war eine der wenigen Presse-Veröffentlichungen, die Conan nach seiner Zeit bei NBC bekam. Dies war eine der Gelegenheiten, bei denen ich wusste, wie man sich professionell verhielt. Ich hielt mich zurück und sagte nur etwas, wenn ich etwas Wichtiges beizutragen hatte, machte keine derben Witze, blieb bei einem Drink, damit ich nicht streitlustig wurde, und wenn ich mich am Gespräch beteiligte, bemühte ich mich, geistreich zu sein. Und das gelang mir 40 Minuten lang großartig. Und dann begann mein Edible zu wirken. Ich verwandelte mich langsam von einem professionellen Teammitglied in eine College-Studentin auf Droge.

Ich begann über Dinge zu lachen, die gar nicht so lustig waren. Wenn Conan oder irgendjemand anders einen auch nur leicht amüsanten Kommentar machte, lachte ich laut heraus. Oder kicherte auf eine Weise, wie jemand kichert, der high ist, um zu überspielen, wie high er ist. Wenn ich redete, begann ich Sätze und vergaß mitten im Satz, was ich sagen wollte. Jeder sah mich an, um höflich zu sein, und sah dann verwirrt weg, während ich den Faden verlor. Ich schaufelte mir nicht nur alles, was auf meinem Teller war, in den gierigen Mund, sondern fing auch an, mit meiner Gabel in Drews Resten herumzustochern. Wir hatten schon das ganze Essen in den ersten 40 Minuten gegessen, als ich noch clean war, aber als ich high war, begann ich, weiter Essen zu bestellen. Thunfisch-Tatar, Pommes frites, Hummus-Dip. Meine Snacks standen überall verteilt. Als niemand anders die Appetizer essen wollte, die ich bestellt hatte, sagte ich etwas wie: »Wäre doch schade, wenn man das ganze Essen wegschmeißt«, als ob ich jedem einen Gefallen tat, indem ich mir alles reinstopfte. Ich bestellte Dessert und sehr viel Wasser. So viel Wasser. Viel zu viel Wasser. Und wenn mein Glas leer war, sagte ich etwas wie »Ich brauche Wasser«, oder »Hat sonst noch jemand Durst?« Als die Bedienung zu mir an den Tisch kam, bat ich verzweifelt um mehr Wasser, und dann, fünf Minuten, nachdem ich es bekommen hatte, bestellte ich noch mehr Wasser, genauso dringend. Kennen Sie das, wenn jemand so viel Wasser trinkt, dass er kaum Luft holt, und dann, wenn er zu trinken aufhört, ganz außer Atem ist, weil er zu schnell getrunken hat? Das war ich mit meinem staubtrockenen Mund. Es war, als hätte ich Ecstasy genommen statt ein Edible.

Und all das vor einer Journalistin des *Hollywood Reporter*. Conan bemerkte, was mit mir los war, und beschloss, darauf einzugehen. Er war nicht sauer, weil Stacey offenbar von all dem amüsiert war, also begann er, mir absichtlich Fragen zu stellen, um mich bloßzustellen und in Verlegenheit zu bringen.

*»Sona, wie fandest du denn das heutige Event?«*

*»Ich fand, es war richtig cool, wie die Studenten … wie sie interagiert haben, äh, sorry, was?«*

*»Na, das Event heute. Wie fandest du es?«*

*»Oh, ich fand es toll.«*

*»Und das ist alles?«*

*»Nein, ich fand es gut, wie aufgeregt sie wurden, und wie sie, äh, dasaßen und zuhörten und, äh …«*

*[Fünf Sekunden Stille]*

*»Und was?«*

*»Was?«*

*»Du sagtest, wie sie dasaßen und zuhörten, und es hörte sich an, als würdest du noch mehr sagen.«*

*»Echt? Nein, das war's.«*

*»Bist du sicher?«*

*»Sicher worüber?«*

*»Sicher, dass du sonst nichts mehr dazu zu sagen hattest?«*

*»Sagen wozu?«*

*»Dazu, was wir über das Event heute sagten.«*

*»Oh, ja, es war toll.«*

*»Das ist alles?«*

*[Bedienung kommt vorbei] »Kann ich bitte noch Wasser haben? Ich habe so einen Durst.«*

*»Soll ich Ihnen einfach einen Krug Wasser bringen?«*

*[Diese Bedienung ist ein Vollpfosten.]*

*»Warum trinkst du eigentlich so viel Wasser?«, fragt Conan amüsiert.*

*»Ich mag Wasser.«*

*»Es sieht nur so aus, als würdest du ganz schön viel trinken.«*

*»Echt jetzt?«*

*»Ja. Mehr als sonst.«*

*»Nein, ich finde es normal, wie viel ich trinke. Ich weiß nicht, warum du mir jetzt übers Wassertrinken Stress machst.«*

*»Ich mach dir keinen Stress. Ich finde nur, du trinkst mehr Wasser als sonst. Es ist nur seltsam.«*

*»Was ist seltsam?«*

Das passierte mehrere Male an dem Abend – Conan ließ mich auf seine passiv-aggressive Weise wissen, dass er wusste, dass ich high war, ohne es je direkt anzusprechen. Er wusste, dass es für mich ein Balanceakt war, und er lebt für solche Momente.

Das Restaurant war draußen und man verteilte Decken an die Kunden, weil es nachts etwas kühl wurde. Ich nahm mir eine Decke, wickelte mich darin ein wie ein Burrito und fiel dann am Tisch sitzend in Tiefschlaf. Vielleicht habe ich sogar geschnarcht.

Ich sabberte.

Jahre, und ich meine *Jahre* nach diesem Dinner in San Diego fand Conan immer wieder Gelegenheit, bei Gesprächen die Tatsache einfließen zu lassen, dass ich bei einem Dinner mit einer Reporterin high gewesen war, egal mit wem er sprach – um denjenigen wissen zu lassen, dass der Artikel großartig wurde, obwohl ich mich so benommen hatte. Und ich lernte, auf Dienstreisen immer erst zu fragen, ob es Pläne fürs Dinner gibt, bevor ich mich in mein Zimmer zurückziehe.

## Männer

Während ich für Conan arbeitete, war ich die meiste Zeit single. Ich hatte ein paar kurzlebige Beziehungen, aber die meiste Zeit war ich aktiv single. Wie es viele andere auch mit ihren Freunden bei der Arbeit tun, erzählte ich Conan immer alles über meine Dating-Abenteuer, und manchmal stellte ich ihm meine Verabredungspartner vor. Wenn wir uns an einer Bar ein paar Drinks genehmigten, und mir jemand auffiel, trat Conan als Mittelsmann auf. Aber ich lernte schnell: Conan ist ein furchtbar schlechter Mittelsmann. Das klingt jetzt vielleicht überraschend, wenn man bedenkt, wie Conan über mich vor Reportern spricht, bei der Personalabteilung oder vor Publikum, aber es liegt nicht daran, dass er mich nicht in höchsten Tönen lobte, wie man es sich von einem Mittelsmann wünscht. Das hat er tatsächlich getan. Nur jedes Mal, wenn jemand herausfand, dass ich für Conan O'Brien arbeite, wollte er nur über ihn reden. Wenn er merkte, dass ich in der besagten Bar *mit* Conan O'Brien zusammen war, wollte er nur *mit ihm* sprechen. Und meistens redeten sie nur weiter mit mir, um in seine Nähe zu kommen. So war Conan der ultimative Touren-Vermassler, der das absolute Gegenteil dessen erreichte, was er sollte. Aber meine Güte, er versuchte wirklich, mir zu helfen, so gut er konnte. Nur war mir leider manchmal nicht mehr zu helfen.

## Unterwäsche

Die vier schlimmsten Dates meines Lebens hatte ich mit ein und derselben Person. Warten Sie, zuerst muss ich etwas anmerken. Ich werde keine Details über diesen Mann preisgeben, weil er ein Mensch mit Gefühlen ist, und wahrscheinlich weiß er gar nicht, wie schrecklich er ist. Ich werde die Details vage halten, sodass er die Chance auf eine Zukunft mit einer anderen Frau bekommt.

Wir lernten uns beim Freizeitsport in Hollywood kennen. Jeder ging nach den Spielen noch an die Bar und traf sich mit den anderen. Er fiel mir immer auf und ich fand ihn süß, und eines Tages fragte er mich, ob wir zusammen etwas machen wollten. Er wohnte nicht allzu weit von der Bar entfernt und sagte, ich solle danach noch zu ihm kommen. Er sagte, wir könnten uns Essen holen oder etwas trinken gehen, und ich sagte, klar. Er ging vor mir und kurze Zeit später ging ich zu seinem Apartment.

Als ich dorthin kam, öffnete er widerwillig die Tür. Er hatte anscheinend angefangen, ein Videospiel zu spielen, als er von der Bar nach Hause kam, und war ganz darin vertieft. Ich hatte seinen Flow unterbrochen. Toller Anfang. Er sagte mir, ich könne auf ihn warten, bis er diesen einen Abschnitt fertiggespielt hätte, und dann könnten wir etwas unternehmen, und ich sagte wieder, klar. Er führte mich in sein Zimmer, wo ein High-End-Computeraufbau mit allem Drum und Dran stand, komplett mit einem bequemen Gaming-Stuhl. Neben diesem monströsen Aufbau stand ein kleiner, unbequemer Hocker, und mir wurde klar, dass das mein Platz sein würde.

Also setzte ich mich auf den Hocker und dachte, vielleicht sehe ich zu, wie er spielt, und er erklärt mir alles. Nicht gerade mein Traum-Date, aber okay, ich konnte ja mal mitmachen. Das geschah aber nicht. Er setzte sich gleich wieder hin und setzte einen schalldichten Kopfhörer mit Mikrofon auf. Ich saß da, sah zu, wie er ein Spiel spielte, das ich nicht verstand, ohne irgendetwas von dem zu hören, was da passierte. Er sprach übers Mikrofon mit anderen Spielern, und ich muss zugeben, dass es sich spannend anhörte. Ich saß einfach da, lächelte wie ein Dummerchen und tat so, als würde ich die Zeit genießen und wäre einfach damit zufrieden, dass ich dabei sein durfte.

Ich dachte, er würde noch zehn Minuten brauchen, um das fertigzumachen, was er fertigmachen musste, aber es kamen und gingen 45 Minuten, und ich saß noch immer in dem schmuddeligen Zimmer dieses Mannes, auf diesem unbequemen Hocker und sah meinem potenziellen Verehrer zu, wie er ein Videospiel spielte, das ich nicht verstand und dem ich nicht zuhören konnte, und wurde dabei vollkommen ignoriert.

Ich brauchte länger, als ich gerne zugebe, aber irgendwann brachte ich den Mut auf, aufzustehen, ihm zuzuwinken, damit er mich bemerkte, und höflich mit den Lippen die Worte zu formen »Ich gehe jetzt.« Er sah kurz zu mir rüber, winkte mir zu und machte weiter mit seinem Spiel.

Am nächsten Tag ging ich zur Arbeit und erzählte Conan alles darüber. Er hörte sich die Geschichte an wie ein echter Freund. Ich weiß, es ist eine komische Vorstellung, dass man eine Geschichte über eine missglückte Verabredung seinem Chef erzählt, besonders, wenn dieser Chef ein Prominenter ist. Aber er ist die Person, mit der ich am engsten zusammenarbeite, und mein Privatleben sickerte unvermeidlich in mein Arbeitsleben ein. Außerdem nahm Conan wirklich Anteil. ER war ja schon fast 20 Jahre glücklich verheiratet mit Liza, und ich glaube, er redet gerne über andere Beziehungen. Er gibt liebend gerne Ratschläge übers Dating und er ist auch gut darin, also dachte ich, ich hole mir von ihm Rat über diesen Typen. Jawohl, ich war immer noch bereit, mit ihm auszugehen. Dass ich während eines spontanen Dates komplett ignoriert wurde und noch immer in Betracht zog, mit ihm auszugehen, zeigt, wie niedrig meine Ansprüche waren. Manchmal hatte ich das Gefühl, solange ein

Typ noch einen Puls hatte, war ich bereit, mit ihm auszugehen. Conan lachte, als ich ihm das Gaming-Abenteuer erzählte, das ich mit diesem Kerl gehabt hatte, und fragte, ob ich ihn wiedersehen würde. Conan war immer zurückhaltend bei den Männern, mit denen ich ausging – ich glaube, er dachte, wenn er etwas Gemeines über sie sagte, würde ihn das verfolgen, wenn ich doch einmal einen dieser Männer heiraten sollte.

Als ich den Typen in der folgenden Woche an der Bar wiedersah, entschuldigte er sich nicht dafür, was bei ihm zu Hause passiert war; er kam einfach zu mir rüber, als sei alles cool, und wollte wieder mit mir ausgehen. Und ich, unsicher und jämmerlich, wie ich war, willigte ein.

Beim zweiten Date plante er etwas, was wir tun würden. Wir würden uns Essen besorgen und einen Film ansehen. Also fuhr ich zu seiner Wohnung und holte ihn ab (er hatte keinen Führerschein und kein Auto … in Los Angeles). Er sagte mir, er hätte schon Tickets fürs Kino gekauft, und er fragte, ob es okay für mich sei, wenn ich das Essen zahlen würde, worauf ich antwortete, klar. Er stieg in mein Auto und gab mir Anweisungen, wohin wir fahren sollten, um das Essen zu holen, und ich dachte, wie schön es war, dass er sich für diese Verabredung doch tatsächlich einige Mühe gemacht hatte. Ich hatte ihn also falsch eingeschätzt. Ich dachte daran, wie gut es sich anfühlen würde, Conan diese Wiedergutmachungs-Geschichte zu erzählen – wie dieser Typ als solcher Blindgänger angefangen hatte, aber das zweite Date als Chance genutzt hatte, um sich zu beweisen, indem er einen Film und einen Ort zum Essen ausgesucht hatte, ohne mich zu fragen. Es war erfrischend, jemanden zu kennen, der an alle Einzelheiten gedacht hatte, ohne dass ich etwas dafür tun musste. Ich fühlte mich bestätigt.

Bis mir klar wurde, dass der Ort, den er für das Dinner ausgesucht hatte, 7-Eleven war.

Das muss ich erklären.

Aber eigentlich gibt es da gar nichts zu erklären.

Der Ort, den er für uns beide ausgesucht hatte, um uns ein Abendessen zu holen, war 7-Eleven. Also so etwas wie der kleine Supermarkt um die Ecke. Es ist ein Laden, in den man um 3 Uhr früh geht, wenn man stoned ist und ein paar Doritos braucht. Dahin führte mich dieser Typ aus. Zum Abendessen. Bei einem Date.

Er ging durch die Regalreihen und holte sich Sachen zum Essen heraus, als ob er bei Ralphs im Supermarkt einkaufen wäre. Irgendwann sagte ich ihm, mir wäre es auch recht, wenn wir einfach ein paar Snacks beim Kiosk im Kino kaufen würden. Er sagte, dort sei es zu teuer, als ob er dafür zahlen würde. Ich zuckte mit den Schultern und nahm mir ein paar Rolos raus.

Als wir an die Kasse kamen, um die Snacks zu bezahlen, sagte er, wir würden keine Tüte brauchen, und gleich darauf packte er alles, was er sich ausgesucht hatte, und stopfte es in meine Tasche. Ich hatte eine große Stofftasche zu der Zeit, und mir war gar nicht klar gewesen, wie praktisch sie dafür war, Snacks in ein Kino zu schmuggeln. Ich hatte wohl nicht erwartet, dass das Date diese Wendung nehmen würde.

Wir kamen zum Kino, und sobald das Licht gedimmt wurde, verlangte er sein Essen. Und zwar alles. Er hatte sich einen Hot Dog geholt, einen Cheeseburger, einige Taquitos, einen Burrito, den er hatte warm machen lassen, und dann schloss er das Ganze mit Chicken Wings ab. Es war alles ziemlich geruchsintensiv. Zum Glück! Ich fing schon an, mir Sorgen zu machen, dass es noch nicht peinlich genug wäre. Ich dachte, es würde schon keiner merken, dass wir uns Essen mitgenommen hatten, aber zum Glück stank es durch den ganzen Saal. Die komplette Reihe vor uns drehte sich immer wieder um und gab uns den Stinke-Blick. Währenddessen vertilgte die Dumpfbacke, mit der ich gerade ein Date hatte, genüsslich sein 7-Eleven-Menü. Ich zog meine Rolos hervor und aß sie, um sicherzugehen, dass jeder sah, dass *ich* nicht die Quelle des Gestanks war; es war der Typ neben mir. Ich hatte das Gefühl, der Gestank hing die folgenden zwei Stunden im Kinosaal. Es war der längste Film meines Lebens.

Und wieder fand ich mich in der Situation, dass ich Conan von dem Date erzählte. Wieder hörte er zu und nickte. Ich war mir sicher, er wollte etwas sagen, aber er verkniff es sich. Conan lieh mir sein mitfühlendes Ohr, wie eine gute Freundin. Er hörte zu, urteilte nicht und sagte mir, ich solle tun, was mich glücklich macht, aber ich solle aufpassen, dass ich mich nicht mit weniger zufriedengebe, als ich verdient hätte. Draußen warteten die Produzenten der Sendung vor seinem Büro, damit sie die Gäste der heutigen Show besprechen konnten, und ich verschwendete Conans Zeit damit, über einen nichtsnutzigen Kerl zu sprechen, der mich dazu gezwungen hatte, eine Hälfte des Duos mit dem geruchsintensiven Essen im Kino zu sein. Zu dem Zeitpunkt sagte ich mit voller Inbrunst, dass ich nie mehr mit diesem Typen ausgehen werde, und wie peinlich das gewesen war, und wie sehr ich das Gefühl gehabt hatte, mich zurückzuentwickeln.

Deshalb war es ja auch umso enttäuschender, als ich einverstanden war, noch ein drittes Mal mit ihm auszugehen.

Verurteilen Sie mich jetzt nicht. Oder – doch. Sie können mich verurteilen. Ich sollte verurteilt werden. Ich weiß nicht einmal mehr, warum ich mich bereit erklärte, noch einmal mit ihm auszugehen. Ich glaube, mir war einfach langweilig. Na, wie auch immer, wir überlegten uns, uns etwas zu essen zu holen.

Am Tag der Verabredung, das weiß ich noch, schrieb ich ihm eine Nachricht und fragte, ob unser Date noch steht. Er sagte ja, und dass er sich noch ein bisschen hinlegt, und ich solle ihm schreiben, wenn ich aus dem Haus gehe. Also brezelte ich mich richtig auf – zog ein hübsches Kleid an, machte mir die Haare, schminkte und rasierte mich. Na eben die Sachen, die die meisten Leute tun, wenn sie sich für eine Verabredung zurechtmachen.

Ich schrieb ihm, als ich aus dem Haus ging.

Er antwortete, ich solle ihm schreiben, wenn ich von der Autobahn abfahre.

Ich schrieb ihm, als ich von der Autobahn abfuhr.

Er antwortete, ich solle ihm schreiben, wenn ich bei seiner Wohnung angekommen war (wir erinnern uns: Dieser Mann hatte weder Führerschein noch Auto).

Ich schrieb ihm, als ich vor seiner Tür stand, und dann noch mal, nachdem ich ein paarmal geläutet hatte und keiner aufmachte.

Er kam in Unterwäsche zur Tür.

Ich sag's gleich noch mal: Er kam zur Tür mit nichts an als seiner Unterwäsche.

Er schien verärgert zu sein, dass ich da war, ähnlich wie bei unserer ersten Verabredung. Es war klar, dass ich ihn von seinem Nickerchen geweckt hatte. Mir wurde jetzt klar, dass er mit jedem Mal, das ich ihm geschrieben hatte, versucht hatte, seine Schlafenszeit zu verlängern, indem er von mir auf dem Weg zu seiner Wohnung ständige Updates verlangt hatte. Ich stand da vor seiner Tür, in meinem hübschen Outfit, mit gestylten Haaren und geschminkt, vor einem Kerl in Unterwäsche, in dessen blödem Gesicht noch der Abdruck der Kissenfalten zu sehen war. Dann sagte er (ärgerlich): »Ich hab mich gerade hingelegt. Du kannst reinkommen, wenn du willst.« Dann verschwand er wieder in seiner Wohnung.

Ich stand da und wusste, dies war der Moment der Wahrheit. Ich konnte entweder den letzten Rest Würde zusammenkratzen, der mir noch blieb, und gehen, oder ich konnte jede Selbstachtung in den Wind schießen und ihm nach drinnen folgen. Ich stand lange da und dachte darüber nach. Ich hatte immer schon Männern, die sich nur sehr wenig bis gar nicht anstrengten, zu viel von mir gegeben, und es war Zeit für mich, diese Phase hinter mir zu lassen. Ich musste einsehen, dass ich mehr verdiente als das und dass ich es mir nicht gefallen lassen musste, wieder und wieder schlecht behandelt zu werden.

Dieser Typ war einer in einer langen Reihe von Männern, die sich so benommen hatten – die das absolute Minimum taten, im Vertrauen darauf, dass ich schon nichts einzuwenden haben würde. Ich ließ sie immer damit durchkommen. Ich musste diesen Teufelskreis wirklich durchbrechen.

Aber dieses Mal nicht.

Ich folgte ihm nach drinnen. Ich hasse mich.

Ich ging in sein Zimmer, wo er schon wieder im Bett lag. Sein Zimmer war verdreckt. Nicht unordentlich, sondern verdreckt. Es standen Teller mit verkrusteten Essensresten herum, Gläser, die aussahen, als wäre das, was auch immer darin gewesen war, vor langer Zeit schon verdunstet, und Kleidungsstücke lagen überall verstreut herum. Ich musste über Sachen steigen, um zu seinem Bett zu kommen, und als ich zu seinem Bett kam, zog ich einfach die Schuhe aus und legte mich mit einem komischen Gefühl neben ihn. Nach einiger Zeit machte er eine Bewegung und sie war ungeschickt und peinlich. Er wollte mich küssen und ich hatte das nicht erwartet, ich zuckte zusammen und schlug ihm mit der Hand ins Gesicht. Dann, als wir anfingen, uns zu küssen, war da absolut nichts. Ich fühlte nichts. Vielleicht ein bisschen Ekel. Da verstand ich zum ersten Mal, was damit gemeint war, wenn man sagte, mit jemandem stimme die Chemie nicht. Nachdem ich unbeholfen versucht hatte, in Stimmung zu kommen, musste ich das Ganze stoppen. Er war in Unterwäsche, sein Atem roch, als hätte er schon stundenlang geschlafen, sein Zimmer war ein Katastrophengebiet, und ich hielt es einfach nicht mehr aus. Ich stand auf und sagte: »Ich hab noch nie erlebt, dass sich jemand so wenig anstrengt.« Er lachte. Ich ging.

Als ich Conan von diesem Date erzählte, konnte er sich nicht mehr zurückhalten. Ich glaube, als der Typ in Unterwäsche die Tür aufmachte, war es zu viel für ihn. Er hatte noch nie von einem so respektlosen Verhalten gehört, und als mein Freund war er für mich entsetzt. Er fand es aber auch irrsinnig witzig. Er nutzte schließlich die Gelegenheit, um mir zu sagen, was ich mir einmal sagen lassen musste, nämlich, dass ich so viel mehr wert war als dieser Typ – dass ich mir klarmachen musste, dass ich mehr verdient hatte, anstatt mich mit allem abzufinden, egal wie blödsinnig es war. Er wollte, dass ich wirklich einsah, wie furchtbar dieser Typ war, und dass ich mich nicht mit so wenig zufriedengeben sollte. Er hatte recht. Er wollte auch, dass ich wusste, diese Geschichte würde noch jahrelang als Gag auftauchen. Er ist ein großartiger Zuhörer, aber er ist eben auch Comedian, und ich hatte ihm ein großartiges Geschenk gemacht – Material, das zeitlos ist.

»Wie schlecht läuft es in Sonas Dating-Leben? Der letzte Kerl, mit dem sie sich verabredete, machte sich nicht einmal die Mühe, sich für das Date anzuziehen. Wahrscheinlich wusste er nicht, wie er in die Mall kommen sollte, um sich etwas zum Anziehen zu kaufen.«

Das ist mein Fluch, seit ich für Conan arbeite. Wenn mir irgendetwas Peinliches passiert, bin ich ganz sicher, dass er mich noch lange Zeit danach damit aufziehen wird. Das Frustrierende daran ist, dass ich ihm irgendwie alles erzählen *muss*. Ich kann nicht anders. Und es kann alles sein – Typen, mit denen ich mich verabrede, Aberglaube, der in meiner Familie herrschte, Geschichten über mich und meine Freunde.

Das eine Mal, als ich in einer Bar auf dem Tisch tanzte, das Gleichgewicht verlor und herunterfiel? Das hat wieder nichts mit meinem Job zu tun, aber ich habe es Conan dennoch erzählt. Die Witze kamen schnell und wild.

Das eine Mal, als ich mit einem Typen ausging, der mitten in der Verabredung meinen Namen vergaß? Hat wieder nichts mit dem Job zu tun, und ich wusste, es würde für Conan Material sein, um sich über mich lustig zu machen, aber ich habe es ihm trotzdem erzählt.

Aber lassen wir uns nicht vom Thema abbringen. Sie denken jetzt wahrscheinlich, das Unterwäsche-Date hätte mir den

Rest gegeben, oder? Dass ich auf keinen Fall mehr mit diesem Kerl ausgehen würde. Aber wie ich schon zu Beginn dieses Abschnitts sagte, hatte ich die VIER schlimmsten Dates mit diesem Menschen. Wenn Sie also mitgezählt haben, wissen Sie schon, dass ich noch einmal mit ihm ausging. Nur diesmal hasste ich ihn. Als ich von ihm die Nachricht bekam, dass er sich mit mir verabreden wollte, konnte ich echt nicht glauben, wie dreist er war. Ich hörte auf, darüber nachzudenken, wie er es wieder gutmachen konnte, und ging mit Abstand hin, wie jemand, der ein Haus brennen sehen will. Ich wollte sehen, wie schlimm es werden konnte. Würde es noch irgendwelche Reste unter der verbrannten Oberfläche geben? Irgendein Stückchen Menschlichkeit? Irgendeinen Anschein eines Typen, der jemanden mochte und sich diesmal wirklich anstrengen wollte? Und WARUM dieser Typ nach unserer versuchten und schrecklich missglückten Knutscherei mit mir ausgehen wollte, war mir zu hoch.

Genauso wenig, wie ich verstand, warum ich wieder zusagte, mich mit ihm zu treffen, konnte ich verstehen, warum er mich immer wieder fragte. Ich erzählte immer öfter, wie schrecklich er war, also warum wollte er immer noch mehr?

Diesmal ging ich im vollen Bewusstsein der Realität hinein, in dem Wissen, dass ich nichts mehr erwartete, was es wieder gutmachen könnte, sondern ich traf mich nur mit ihm, um zu sehen, wie weit er das Ganze noch in den Graben fahren könnte. War diese Dating-Strategie leicht selbstdestruktiv? Vielleicht. Aber ich konnte den Blick einfach nicht von diesem Frontalzusammenstoß abwenden.

Er hatte wieder Tickets für einen Film besorgt, der in der Nähe lief, und er fragte wieder, ob es für mich okay wäre, wenn ich das Essen bezahle, da er ja die Tickets besorgt hatte. Klar, sagte ich. Ich war nie eine von den Frauen, die erwarten, dass der Mann alles zahlt. Es ist schön, wenn sie es tun – verstehen Sie mich nicht falsch –, aber es ist für mich nicht schlimm, wenn sie es nicht tun. Diesmal gingen wir statt ins 7-Eleven in ein

Restaurant. Und es war definitiv kein 7-Eleven. Ich rede hier von weißen Tischdecken. Ich rede von einer Weinkarte. Ich rede von einem verdammten *Maître de Cuisine*. Die Kinokarten konnten nicht mehr als 15 Dollar pro Stück gekostet haben, also wusste ich, als die Rechnung für unser Essen kam und 150 Dollar betrug, dass ich den Kürzeren gezogen hatte. Ob er nun versuchte, die 7-Eleven-Taquitos wieder gutzumachen oder ob er einfach hoffte, aus einer verlorenen Situation doch noch ein gutes kostenloses Essen herauszuholen – ich werde es nie erfahren. Ich bezahlte die Rechnung, machte mir aber eine geistige Notiz für zukünftige Erzählungen.

Wir fuhren zum Kino, und als wir nur noch ein paar Minuten davon entfernt waren, fragte er, ob ich umkehren und zurück zu seiner Wohnung fahren könne. Es stellte sich heraus, dass er seinen Joint zu Hause vergessen hatte, und er hatte sich in den letzten zehn Jahren keinen Film angesehen, ohne erst high zu werden. In seinen Augen war es unerlässlich, dass ich Zeit und Benzin vergeudete und zurück zu seiner Wohnung fuhr, damit er seinen Joint holen konnte, und ich, wie ein Vollidiot, tat es auch noch. Während des Essens war er so damit beschäftigt gewesen, ein kostenloses Drei-Gang-Menü in sich hineinzuschaufeln, dass wir nicht so wirklich zum Reden gekommen waren, also war es auf der Autofahrt, dass wir die Chance bekamen, einander etwas besser kennenzulernen. Sie denken jetzt vielleicht: »Ich bin sicher, als Sie ihn einmal näher kennenlernten, gab es etwas an ihm, das Sie mochten.« Da täuschen Sie sich.

Er erzählte mir, er arbeitete eine Woche im Monat in der Produktion. Weil er die Miete für sein Apartment zahlen musste, war das gerade so viel, wie er arbeiten musste, um seine monatlichen Ausgaben abzudecken. Der Rest seiner Zeit wurde damit verbracht, mit seinen Zimmergenossen high zu werden und Videospiele zu spielen. Dieser erwachsene Mann, der auf die 30 zuging, erzählte mir das alles, als sei es ein Verkaufsargument. Als sei er ein Genie, der das System gehackt hatte. Ich habe ihn dafür nicht direkt verurteilt, ich bin ja nicht herzlos. Und ganz ehrlich, jeder wie er will. Ich fügte nur wieder eine mentale Notiz hinzu und freute mich, je besser die Story wurde.

Wir gingen in den Film, der überraschend großartig war, und dann fuhr ich ihn nach Hause. Als wir zurück waren, saßen wir noch eine Zeitlang im Auto, und ich erklärte ihm alles. Ich sagte ihm, dass wir uns nicht mehr treffen sollten, weil er sich nicht genauso einbringt wie ich, und dass ich mich ausgenutzt fühlte. Ich sagte ihm, ich würde die Art nicht mögen, dass er mich erst zu sich einlud, und dann ärgerlich tat, wenn ich zu ihm kam. Ich ließ unsere vorhergehenden drei Verabredungen Revue passieren und erklärte ihm, dass ich mehr bräuchte, und dass es zum Teil mein Fehler gewesen sei, weil ich ihm damit durchkommen ließ, ohne ihm zu sagen, dass ich es nicht mochte, wie er sich benahm. Er schien verwirrt und versuchte sich zu verteidigen.

»Ich war gerade dabei, dieses Spiel zu spielen, als du kamst, und brauchte nur ein bisschen mehr Zeit, um das zu Ende zu spielen, was ich angefangen hatte! Du willst doch nicht mit einem Typen ausgehen, der etwas anfängt und nicht zu Ende macht, oder?«

»Ich dachte, ich spare dir einen Haufen Geld, wenn wir zu 7-Eleven gehen, anstatt Essen im Kino zu kaufen!«

»Ich bin an dem Tag total früh für die Arbeit aufgestanden, und wollte noch ein bisschen schlafen, um für unser Date fit zu sein!«

Blöde Ausreden. Ich wollte ihn am liebsten schlagen.

Schließlich sagte ich einfach: »Ich muss aufhören, mich mit Kerlen wie dir zu treffen.«

Es hörte sich schlimmer an, als ich es meinte, oder vielleicht hörte es sich genauso hart an, wie ich es wollte? Ich glaube, ich wollte, dass es sich so gemein anhörte. Ich weiß nicht mehr. Jedenfalls traf ich damit ins Schwarze. Er stieg aus dem Auto und ging nach Hause. Ich glaubte nicht, dass es ihm etwas ausmachte, und das war für mich das Schlimmste daran – dass dieser Typ sich so benommen hatte, weil er mich nicht *wirklich* mochte.

Ich erzählte Conan alles, was passiert war, und er stieß einen Seufzer der Erleichterung aus. Er und ich wussten beide, ich würde mich nie mehr mit diesem Typen treffen, also ließ Conan es endlich raus. Ich würde liebend gerne sagen, dass dies ein Einzelfall war, dass das das einzige Mal war, bei dem ich einen Mann falsch eingeschätzt und eine falsche Entscheidung getroffen hatte. Aber so war es nicht. Dieser Mann war einer von vielen Männern, mit denen ich mich traf und von denen ich mir bieten ließ, dass sie mich wie den letzten Dreck behandelten. Conan hat viele von diesen Typen kennengelernt und ließ es mich immer selbst herausfinden. Er wusste, mir zu *sagen*, dass es diese Typen nicht wert waren, würde nicht reichen. Ich musste selbst zu diesem Schluss kommen. Deshalb kam ich immer wieder auf ihn zu und holte mir seinen Rat. »Was soll ich dem Typen schreiben, der mir gerade einen Smiley geschickt hat?« – »Wie dringend soll mein Wunsch durchklingen, mich mit diesem Typen noch mal zu treffen?« – »Glaubst du, es ist ein Alarmsignal, dass er seit zwei Jahren arbeitslos ist?« – »Wie schlimm ist es, dass ich ihn noch nie nüchtern erlebt habe?« Das sind alles Fragen, die ich Conan über die Männer stellte, mit denen ich mich traf. Diese Gespräche zogen sich durch den ganzen Tag. Ich ignorierte wichtige Telefonanrufe, weil ich zu sehr damit beschäftigt war, mit meinem Kumpel über Jungs zu quatschen, so als wären wir in einem Nagelstudio und würden uns Mani-Pediküre machen lassen, und nicht in einem Arbeitsumfeld, bei dem es auf das Einhalten eines Zeitplans ankommt, um eine Fernsehshow zu produzieren. Jedenfalls machte Conan noch Jahre danach Witze über den Typen, der in Unterwäsche an die Tür kam. Wenn die Leute mich nach meinem Dating-Leben fragten, erzählte er immer wieder gern die Geschichten von diesem einen Typen, um damit zu zeigen, wie schlecht meine Einschätzung von Männern war. Und er hatte recht – ich war katastrophal.

Das ging natürlich nur so lange, bis ich meinen Mann kennenlernte. Als ich Conan zum ersten Mal von Tak erzählte, wusste er, das war etwas anderes. Er wusste, dieser meinte es ernst, dass er jemand war, der mich richtig umwerben würde, der sich so anstrengen würde, wie ich es in Conans Augen verdient hatte.

Fünf Jahre später waren Conan und Liza auf meiner Hochzeit.

Zwei weitere Jahre später konnte ich meine beiden Söhne auf der Welt begrüßen. Zwei Jungs, die ich so erziehen kann, dass sie wissen, dass man bei einer Verabredung nicht in der Unterhose die Tür öffnet.

## Meine *Gigolos*-Tasse

Am 25. Juni 2013 ging ich in die Küche, um mir meine allmorgendliche Tasse Earl-Grey-Tee zu holen. Ich verwendete eine Tasse, die mir meine Freundin Meghan Sinclair zu Weihnachten geschenkt hatte – eine Werbetasse für die Serie *Gigolos*. Auf der einen Seite stand »Gigolos« und auf der anderen »Working Stiff«*.

*Gigolos* war eine Serie, von der meine Freundinnen und ich alle fasziniert waren. Sie erzählte die zweifelhaften, verrückten Erlebnisse von fünf oder sechs Männern, die Gigolos in Las Vegas waren. Frauen engagierten sie als Begleiter und, oftmals, auch für Sex. Es war Soft-Porno mit einer sehr fadenscheinigen Handlung. Also einfach Soft-Porno. Wir liebten Brace, der entweder 45 oder 65 war, für seine unverblümten Kommentare gegenüber seinen Klientinnen. Vin war bekannt dafür, einen großen Penis zu haben. Bradley war der Neue mit der Vergangenheit beim Militär. Mein Favorit aber war Nick Hawk, der ein riesiges Tattoo hatte, das an seinem Penis begann

* Anm. d. Übers.: Was zu Deutsch eigentlich »hart arbeitend« bedeutet, aber hier ein Wortspiel ist, weil »stiff« wörtlich »steif« bedeutet.

und sich über seinen gesamten Körper erstreckte. Ich folge ihm immer noch auf Twitter.

Als ich mir an jenem warmen Junimorgen meine Tasse aus der Küche holen wollte, war sie weg. Die Leute denken, nur weil eine Tasse in der Küche steht, kann sie jeder benutzen. Aber nein. Man kann nicht die Tasse einer Fernsehserie benutzen, wenn man sie gar nicht ansieht, und ES IST MEINE TASSE. Aber das passiert ganz oft. Jemand sieht eine Tasse in einem Gemeinschaftsraum stehen und nimmt an, es ist eine Tasse für die Allgemeinheit.

Als aber diesmal meine Tasse fehlte, flippte ich aus. Ich schrieb eine E-Mail an sämtliche Mitarbeiter. Ich verwendete eine unternehmensweite E-Mail-Adresse, die an jeden Mitarbeiter, jedes Crew-Mitglied und jeden Turner-Angestellten, der mit unserer Sendung zu tun hat, geht. Die E-Mail-Adresse wurde nur zu Produktionszwecken oder für wichtige Mitteilungen verwendet, aber ich fand, meine fehlende Tasse erforderte diesen Verteiler. Ich schrieb:

> Ich weiß, dies ist ein absoluter Missbrauch des Verteilers »An alle«, aber wenn du meine Gigolos-Tasse geklaut hast, werde ich dich finden und fertigmachen.

Ich bekam unterschiedlichste Antworten von verschiedenen Kollegen, manche lobten mich, weil ich endlich ansprach, dass im Büro immer wieder Dinge gestohlen wurden, manche lachten über die vermeintliche Scherz-Mail, und manche fragten mich, was eigentlich »Gigolos« war. Keine der Antworten verriet mir, wo meine Tasse abgeblieben war.

Eine Stunde, nachdem ich die E-Mail geschrieben hatte, kam Conan mit einem Kamerateam an meinen Schreibtisch.

Sie waren gekommen, wie sie sagten, um die Sache weiter zu untersuchen. Er befragte noch andere Mitarbeiter im Büro, um herauszufinden, was mit meiner Tasse passiert war.

Lindsay Sheehan, deren Arbeitsplatz zu der Zeit in meiner Nähe war, beklagte sich, dass jemand aus ihrer Whiskey-Flasche trank, die sie in ihrer Schreibtischschublade versteckte.

Keri O'Keefe, die Talente-Koordinatorin, beklagte sich, dass ihr jemand einen Kopfhörer gestohlen hatte.

John Bogulski, der Assistent der Produzenten der Sendung, aß gerade frittierte Hähnchenteile am Schreibtisch und schien sich gestört zu fühlen, als Conan kam, um ihn zu befragen.

Schließlich wurde die Tasse gefunden – ein Praktikant hatte sie meinem Freund RJ Thieneman ausgehändigt, der bei Conaco arbeitet. So war nicht nur das Rätsel gelöst, sondern wir hatten durch Conans Untersuchungen auch noch viel mehr aufgedeckt, was sich am Arbeitsplatz abspielte:

- Im Büro wird die ganze Zeit über Alkohol getrunken. Ich war genauso empört wie Lindsay, als ich hörte, dass jemand aus ihrer Whiskey-Flasche trank, denn das war nicht nur ihr Versteck – es gehörte uns allen.
- Bei der Arbeit wird ständig etwas gestohlen. Es war für mich das erste Mal gewesen, dass ich bei der Arbeit bestohlen wurde, aber ich habe gemerkt, dass mein Fall vielen anderen Mitarbeitenden die Möglichkeit eröffnet hat, über ihr Trauma zu sprechen.
- Anders als in vielen anderen Sendungen mit einem berühmten Gastgeber, bei denen die Leute ständig den Kopf einziehen, falls der Chef in der Nähe ist, hat vor Conan niemand Angst.
- Wir als Team sind bereit, für buchstäblich alles Zeit und Büroressourcen zu verschwenden, inklusive einer in voller Länge gefilmten Untersuchung über eine fehlende *Gigolos*-Tasse.

Unser Büro ist voller Krimineller und Säufer. Irgendetwas an Conans Untersuchung gefiel den Leuten, und während ich dies tippe, hat das Video schon fast 26 Millionen Klicks auf YouTube bekommen.

Dieses Video war mein erster nennenswerter Auftritt in der Show und der erste kurze Einblick auf meine Beziehung zu Conan im Büro. Die Leute hatten in der Dokumentation *Conan O'Brien Can't Stop* gesehen, wie wir miteinander umgehen, aber dieses Mal war es ein Einblick, wie wir am Arbeitsplatz miteinander sprachen. Es war auch die einzige Sequenz, die wir drehten, von der meine Eltern nicht allzu begeistert waren. Dass die eigene Tochter eine Tasse von einer Fernsehserie benutzt, die Softporno zum Inhalt hat, ist offenbar nicht unbedingt etwas, womit man bei seinen Freunden angeben möchte. Und das war nicht das einzige *Gigolos*-Utensil, das ich im Büro hatte. Ich hatte Kühlschrankmagneten von allen sechs Original-Gigolos der ersten Staffel. Niemand hat jemals meine Magneten gestohlen.

Aber ich schweife vom Thema ab.

Nachdem ich die erste E-Mail über meine fehlende Tasse abgeschickt hatte, schickte mir Matt O'Brien, einer unserer Autoren (der später ein Hauptautor unserer Sendung wurde) folgende E-Mail als Antwort:

`Was für ein trauriger Einblick in dein Leben`

Ein trauriger Einblick, das kann man wohl sagen. Dies war nicht das erste Mal, dass jemand anderes meine Tasse benutzt hatte, aber es sollte das letzte Mal gewesen sein. Solche Büro-Kabbeleien sind für mich ein Lebensinhalt.

Nachdem diese Szene gesendet worden war, schickte mir Showtime zwölf *Gigolos*-Tassen, und zwei Jahre später hatte ich die hohe Ehre, in Las Vegas Brace aus *Gigolos* kennenzulernen. Witzigerweise war ich damals mit Matt O'Briens Frau Meghan Sinclair in Las Vegas und Matt war derjenige, der das Treffen arrangiert hatte. Brace war wirklich nett und wir unterhielten uns über eine Stunde lang. Und ich musste ihn noch nicht einmal dafür bezahlen. Manchmal werden Träume eben doch wahr.

# TEIL DREI

*Produzentin Tracy King ruft Sona an, um ihr zu sagen, dass alles für Conans Probeaufnahmen bereit ist. Sona geht in Conans Büro, um es ihm zu sagen. Als sie hereinkommt, fragt er sie, wie weit sie schon ist.*

**CONAN**: Irgendein Erfolg hinsichtlich der Sache, um die ich dich gebeten habe?

*Er drückt sich absichtlich vage aus. Er weiß genau, dass sie es vergessen hat. Was für ein Arsch.*

**SONA**: Jaja, war überhaupt kein Problem.

*Sona hasst es, Conan anzulügen, und sie tut es auch fast nie, aber ihre Dreistigkeit ist stärker.*

**CONAN**: Ehrlich? Ich kenne Leute, denen es nicht gelungen ist. Es wird schließlich mit Spannung erwartet und jeder will es zuerst haben.

**SONA**: Ja schon, aber ich bin eben gut in meinem Job, und die Leute mögen mich, also war es ganz einfach.

**CONAN**: Wo ist es denn?

**SONA**: Es ist unterwegs.

**CONAN**: Danke, Sona. Ich finde, du verstehst einfach, wie viel mir das bedeutet, und ich bin stolz auf dich, weil du das so schnell hinbekommen hast.

*Wow. Was für ein Scheißkerl.*

**SONA**: Gerne doch. War mir ein Vergnügen.

*Conan geht zu den Probeaufnahmen und Sona sitzt an ihrem Schreibtisch. Eine Welle von Schuldgefühlen überrollt sie und sie sitzt da und überlegt, was es sein kann, worum Conan sie gebeten hat.*
*Okay, überlegen wir mal, welche Dinge ihn interessieren:*
*Die Beatles! Sie googelt »The Beatles« und bekommt eine Milliarde Ergebnisse. Sie starrt auf den Bildschirm. Dann googelt sie »Das neue Beatles Ding«. Wieder eine Milliarde Ergebnisse. So geht das nicht.*
*Technik-Kram! Vielleicht hat er sie um irgendein neues Gerät gebeten. Aber warum sollte ihm ein Gerät so viel bedeuten? Er bestellt es sich, spielt eine Zeitlang damit herum und ist dann entweder frustriert oder sucht sich etwas Neues.*
*Buddy Holly? Gibt es eine Gitarre oder neue Erinnerungsstücke oder ein Buch?*
*Ein Buch! Das hört sich bekannt an. Er hat sie um ein Buch gebeten.*

*Was für ein Buch? Was gefällt ihm? Mord! Gibt es ein neues Mordgeschichten-Buch? Aber würde ihm ein Mordgeschichten-Buch »viel bedeuten«? Sie googelt »neue Bücher über Morde«, und während sie auf die Ergebnisse starrt, merkt sie, da springt sie nichts an.*
*Okay, wir wissen jetzt, es ist ein Buch. Wenn es kein Buch über Mord ist, ist es eines über Geschichte. Amerikanische Geschichte? Weltgeschichte? Mann, wieso liest er bloß so viel? Wie viel Wissen braucht ein Mensch im Leben?*
*Sie googelt »neue historische Sachbücher« – und da ist es. Es springt ihr sofort ins Auge: ein New-York-Times-Artikel über das neue Buch von Robert Caro. Er hat an dem Buch zehn Jahre lang gearbeitet und das Thema minutiös recherchiert, um ein Werk zu schaffen, das so fundiert ist, wie es ein Geschichtsbuch nur sein kann.*
*Sie ruft die Agentin an, die für die Show die Buchautoren bucht, und fragt sie, wie schwierig es wäre, das unveröffentlichte Manuskript zu bekommen.*

**DIE AGENTIN**: Ich kann ja mal nachfragen, aber einige der Büros an der Ostküste sind schon geschlossen, und selbst wenn sie noch offen sind, können sie es nicht bis nächste Woche hierherschicken, weil FedEx schon geschlossen hat.

*Die nächsten zwei Stunden verbringt sie damit, jeden anzurufen, den sie kennt – mit häufigen Pausen für Snacks und Toilettengänge zwischen den Telefonaten, natürlich. Die Pausen sind länger als die Telefon-*

*gespräche. Jeder in der Verlagsbranche an der Ostküste, der ihr helfen könnte, hat schon Feierabend. Wenn sie nur früher angefangen hätte, hätte sie das wahrscheinlich ziemlich leicht hinbekommen. Sie hat einfach kein Glück, und sie kann sich des Gefühls nicht erwehren, das könnte jetzt die Rechnung sein, die sie verdient hat. Sie hätte es aufschreiben sollen. Sie hätte es Conan sagen sollen, und ihn fragen, was es war, das er von ihr wollte. Dies wird schlimmer sein, als wenn er böse auf sie ist – er wird enttäuscht sein. Sie hat es vermasselt.*

# AUTORITÄT

AUTORITÄT IST EIN INTERESSANTER PUNKT IN DER Dynamik zwischen Conan und mir. Er ist der Chef, derjenige, der meine Lohnschecks unterschreibt, derjenige, der mich eingestellt hat, und den ich letztlich zufriedenstellen soll. Meine gesamte Rolle dreht sich darum, für ihn zu tun, was nötig ist, um ihm das Leben zu erleichtern. Ich bin schließlich seine Assistentin. Ich helfe ihm bei Dingen, bei denen er Hilfe braucht.

Aber manchmal tue ich auch das Gegenteil davon. Ich widerspreche ihm oft, vergesse, Dinge in seinen Kalender einzutragen, verärgere ihn mit meiner oberflächlichen Missachtung von Dingen, die er wichtig findet. Ich weiß nicht, wie sich die Beziehung in Bezug auf meinen Respekt vor Autoritäten entwickelt hat, aber sie hat es jedenfalls.

Ich hatte immer schon eine komplizierte Beziehung zu Autoritätspersonen. In der Schule machte ich lieber etwas mit meinen Freunden, anstatt meinen Lehrern zuzuhören, was zu vielen Gängen zum Direktor führte. Ein Lehrer wurde durch meine Unfähigkeit, aufzupassen, so wütend, dass er mich aus dem Klassenzimmer schickte, wo ich den Text aus dem Schulbuch Wort für Wort abschreiben musste. Ich musste oft nachsitzen und samstags in die Schule kommen. Einmal wurde der Lehrer, der die Schüler samstags in der Schule beaufsichtigte, so wütend darüber, wie ich seine Aussprache des Nachnamens meiner besten Freundin korrigierte, dass er mich rausschmiss. Wenn man aus der Samstagsschule fliegt, gibt es keinen anderen Weg mehr als den Ausschluss aus der Schule, aber mein Vergehen war nicht schlimm genug für einen Schulausschluss, also ging ich einfach nach Hause. Ich war nicht bösartig – viele von den Lehrern, die mich maßregelten, sprachen später, lange nachdem ich die Schule abgeschlossen hatte, sogar gut über mich. Ich konnte es nur nicht leiden, wenn man mir sagte, was ich tun sollte.

Ich respektierte Autorität, bis mir das Arbeitsumfeld etwas vertrauter war. Nicht, dass ich aufhörte, meine Chefs als Autoritätspersonen zu sehen – es war nur so, dass ich fand, bei meinem neuen bequemen Arbeitsstil war diese Art der Huldigung nicht mehr so wichtig.

Einer der größten Konflikte, die Conan und ich hatten, entstand dadurch, dass ich die Dynamik zwischen uns anders einschätzte – dass Conan sich von einer Autoritätsperson in meinen Freund und Ersatzbruder verwandelt hatte. Seitdem habe ich gelernt, wie man damit umgeht, und mir ist klar geworden, dass unsere Aufgabe darin besteht, auf ein gemeinsames Ziel hinzuarbeiten. Ich bin dafür da, um sicherzustellen, dass der Gast der Show hat, was er braucht, und dort ist, wo er sein soll, wenn er da sein soll. Wir müssen ja keine typische Chef-Assistentin-Beziehung haben, um das zu erreichen; wir müssen es nur eben erreichen.

Aber ich respektiere inzwischen, dass er mein Chef ist. Auch wenn er sich manchmal so benimmt, als sei er mein Kind.

## Das Ende von Conans *Tonight Show*

Ich hatte schon fast ein Jahr lang für Conan gearbeitet, als er Wind davon bekam, dass es Veränderungen in der Reihenfolge der Late-Night-Shows geben würde, und dass der Sender in Betracht zog, Jay Leno wieder auf die 23:35-Uhr-Sendezeit zu setzen. Jay hatte seine Show unklugerweise auf 22 Uhr setzen lassen und floppte damit, und wegen seines Vertrags wurde NBC klar, dass es kosteneffizienter wäre, ihn auf Sendung zu halten, also würde er eine halbstündige Show um 22:35 Uhr bekommen, was zufällig dieselbe Zeit war wie die *Tonight Show*. *The Tonight Show with Conan O'Brien* würde auf 0:05 Uhr nach hinten verschoben werden, was das »Tonight« in *The Tonight Show* ad absurdum führte.

Was dann folgte, war der inspirierendste, emotionalste, frustrierendste und lehrreichste Moment in meinem Berufsleben.

*Inspirierend* wegen der massenhaften Unterstützung, die Conan und die Show von seinen Fans erhielten. Conans Fans waren immer schon Feuer und Flamme für ihn gewesen und sie tauchten alle auf, als wir sie am meisten brauchten. Ich hatte schon gewusst, dass er beliebt war, bevor ich anfing für ihn zu arbeiten, aber mir war bis zu jenem Moment nicht klar, *wie* beliebt er war.

*Emotional*, weil niemand wusste, was passieren würde. So viele meiner Kollegen bei der Show hatten ihren gesamten Lebensmittelpunkt von New York nach Kalifornien verlegt, für eine Show, die nun vor dem Ungewissen stand. Wir waren auch überwältigt von der Liebe, die wir nicht nur von den Fans, sondern auch von Menschen beim Sender und bei der Presse bekamen, die sich mit uns solidarisierten.

Es war eine *frustrierende* Zeit, weil ich beim Sender ja für die Werbeabteilung gearbeitet hatte, bevor ich anfing, für Conan zu arbeiten, und ich nahm an, dass sie die Quelle für die vielen Falschinformationen waren, die in der Presse erschien. Es war krass, sich vorzustellen, dass manche von den Leuten, mit denen ich zusammengearbeitet hatte, jetzt vielleicht dieselben waren, die versuchten, meinen neuen Chef mit erfundenen Geschichten und anonymen Zitaten in Verruf zu bringen.

Diese Zeit war auch *lehrreich* für mich, weil ich bis zu diesem Moment von der hässlichen Seite des Fernsehens verschont geblieben war. Ich hatte die gnadenlose Schattenseite, die unter der bunten Oberfläche lag, noch nie zuvor wirklich erlebt – eine Schattenseite, von der ich wusste, dass sie da war, von der ich aber in meiner Naivität annahm, dass ich sie nie zu sehen bekommen würde. Ich sah, wie Menschen, mit denen ich täglich zu tun hatte, sich auf die eine oder andere Seite schlugen. Mir dämmerte auch, dass Jay Leno vielleicht doch nicht der nette Kerl war, für den ich ihn gehalten hatte. Der Mann, der sich immer lauthals brüstete, dass er keinen Agenten oder Manager hatte, lehrte mich jetzt, wie wichtig es war, einen Agenten oder Manager zu haben. Ich konnte nicht glauben, wie still der Mann, der 17 Jahre lang Gastgeber der *Tonight Show* gewesen war, angesichts der Tatsache war, dass die Show um eine halbe Stunde verschoben wurde. Fand er den Gedanken nicht auch schrecklich? Oder war er so verzweifelt, die Show zurückzubekommen, dass er wegen der Sendezeit ganz aufhören würde? Ich wusste nicht mehr, was ich denken sollte. Alles, was ich wusste, war, dass ich enttäuscht war.

Aber ich versuchte, mich auf das Positive zu konzentrieren. Manche nehmen jetzt vielleicht an, meine liebste Erinnerung aus dieser Zeit sei die Unterstützung von unseren Fans gewesen, oder die inspirierenden Beiträge über die Show in diesen letzten beiden Wochen, oder die plötzliche Unterstützung von Menschen mit großen Namen, die das Ende der *Tonight Show with Conan O'Brien* für mich so erinnerungswürdig machten.

Aber meine besten Momente haben mit all dem nichts zu tun. Als Conans Name immer mehr ins Scheinwerferlicht geriet, wollte die Presse jeden Schritt von ihm außerhalb des Studios haben, also begannen sie, auf der Straße vor seinem Haus auf ihn zu warten.

Er wollte die ganze Aufmerksamkeit nicht, besonders in einer Zeit, in der es um seinen weiteren beruflichen Weg so unsicher stand. Daher bat er mich, ihn zur Arbeit mitzunehmen. Warum mich? Das ist einfach. Weil niemand glaubte, dass er, Conan O'Brien, in LA mit einem VW Jetta aus dem Jahr 2007 herumfahren würde. Da hatte er recht. Zwei Wochen lang fuhr ich von Pasadena nach Brentwood, holte Conan ab und fuhr uns beide zur Arbeit. Kein einziger Paparazzo wusste, wo er hinfuhr. Wir fuhren mitten durch die Menge der Fotografen und ich parkte auf seinem Parkplatz vor dem Studio wie ein neureicher Angeber, während er sich auf den Rücksitz duckte, damit ihn niemand sehen konnte.

Mein anderer Lieblingsmoment war, als wir sehr spät abends alle auf Conans Auflösungsvertrag mit NBC warteten, bis er fertig zur Unterschrift war.

Conans Büro war auf einer Seite des Ganges, und das von Jeff Ross auf der anderen. Dazwischen lag ein Konferenzraum, der eigentlich für Meetings gedacht war, aber während dieser zwei Wochen von einer Armee von gut angezogenen Rechtsanwälten als Kriegsgebiet genutzt wurde, die rund um die Uhr mit NBC verhandelten.

Am Abend nach seiner letzten Show war Conan mit mir und Rick Rosen, seinem langjährigen Agenten, in seinem Büro. Wir warteten darauf, dass der Vertrag fertig wurde, und die Stimmung war, gelinde gesagt, angespannt.

Wir hatten nichts zu tun, also begannen wir, durch die Fernsehprogramme zu zappen, und wir stolperten dabei über eine Sendung, die damals eine meiner Lieblingsserien war – *Bad Girls Club*.

*Bad Girls Club* war eine Serie auf Oxygen, die das Leben von Frauen untersuchte, die – vorsichtig ausgedrückt – sehr leicht zu provozieren waren. Für die Sendung wurden sieben Frauen ausgewählt, die zusammen in einem Haus wohnen mussten, und dann filmte man alles, was passierte. Es war wie *The Real World* mit sieben Frauen, die über Temperament und offenbar eine gesunde Libido verfügten. Sie stritten sich, rissen Fremde und einander gegenseitig auf, und sie feierten heftig. Wenn ich ein Alter Ego haben könnte, wäre es ein Bad Girl aus dem *Bad Girls Club*.

Ich nutzte Conans Wehrlosigkeit aus und ergriff diesen Moment als Gelegenheit, um zu sehen, wie diese durchgedrehte

Reality-Show weiterging, die ich mir zu der Zeit immer ansah. Conan, Rick und ich saßen da, ohne etwas zu sagen. Conan und Rick führten Betrachtungen über den nächsten Karriereschritt für Conan durch. Ich führte Betrachtungen darüber durch, dass die Saddle Ranch am Sunset Boulevard noch genauso heruntergekommen war, wie sie es war, als meine Freunde und ich fünf Jahre zuvor dort gewesen waren. Gemeinsam sahen wir stundenlang zu, wie diese sieben Frauen einander bekämpften und mit Fremden anbandelten, bis ein Anwalt in Conans Büro trat und ihm sagte, es sei Zeit. Der Anwalt legte Conan den Auflösungsvertrag zur Unterschrift vor und einfach so beendete Conan seine Zeit bei dem Sender, bei dem er über 16 Jahre lang gewesen war.

Bis heute kann ich den *Bad Girls Club* nicht ansehen, ohne an diese Nacht zu denken – in der ich mit seinem mächtigen Agenten zusammen auf den Wendepunkt in der Laufbahn meines Chefs wartete und dabei zusah, wie sieben Frauen in einem Nachtclub in Hollywood miteinander stritten.

In jenem Moment hätte ich auch dafür sorgen können, dass man besser nachdenken kann, oder noch besser, ich hätte Rick und Conan einfach allein lassen können. Sie hatten so viel im Kopf, und ich bin sicher, es war nicht hilfreich, dass ich zwischen den beiden saß und sie dazu zwang, eine Show anzusehen, was alles andere als beruhigend wirkte. Ich hätte es besser machen können, aber ich bereue keine Sekunde davon. Ich liebe diese Sendung wie verrückt.

## Die Präsidenten und ich

Bevor ich ein Buch mit dem Titel *Die schlechteste Assistentin der Welt* schrieb, dachte ich immer, der Titel meiner Memoiren würde lauten *Was tue ich hier bloß?*. Ich habe mir diese Frage im Lauf der Jahre, in denen ich für Conan gearbeitet habe, eine Million Mal gestellt. Wenn ich bei der Emmy-Verleihung bin –

was tue ich hier bloß? Wenn ich in einem Privatflugzeug auf Conans Tournee 2010 fliege – was tue ich hier bloß? Wenn ich hinter der Bühne bei der Comic-Con Snacks esse – was tue ich hier bloß?

Das liegt aber nicht daran, dass ich glaube, ich hätte es nicht verdient, an diesen Orten zu sein, sondern eher daran, dass ich mich schon vor langer Zeit mit dem Gedanken abgefunden habe, dass ich einfach nirgends dazugehöre. Das muss ich jetzt erklären.

Ich wuchs in einem Vorort von Los Angeles auf, besuchte die staatliche Schule und ging dann auf ein staatliches College, von wo ich schließlich an die USC wechselte. Mein Vater kam aus bescheidenen Verhältnissen – er war das Kind zweier Waisen, eines von sechs Kindern, und wuchs in einem Dorf in der Türkei auf. Er wanderte als Jugendlicher in die USA ein und wurde leitender Manager eines Lagers für Imbiss-Verkaufswagen im Zentrum von Los Angeles. Meine Mutter stammt aus Istanbul – ihr Vater war ab dem Alter von zwölf Jahren Metzger. Meine Mutter wanderte in die USA ein, als sie Anfang 20 war, heiratete meinen Vater etwa sechs Monate nachdem sie hierhergekommen war, und erzog dann mich und meinen Bruder in Vollzeit. Warum erzähle ich Ihnen das alles? Weil die Tatsache, dass ich Zugang zur illustren Welt von Hollywood und dem Fernsehen habe und mich in dieser Welt bewege, reines Glück ist. Ich weiß immer noch nicht so genau, wie ich eigentlich diesen Job bekommen habe, und es gibt Augenblicke, in denen ich etwas wirklich Cooles tue, zum Beispiel Bill Burr gegenübersitzen, während Conan für seinen Podcast ein Interview mit ihm führt, und ich mich wieder einmal gezwungen sehe, mich zu fragen, ganz ehrlich, »Was tue ich hier bloß?«

Ich bin nicht die Tochter von jemand Berühmtem. Ich habe keine von LAs prestigeträchtigen Privatschulen besucht. Die meisten Freunde, mit denen ich aufwuchs, arbeiten nicht einmal in der Unterhaltungsbranche. Dass ich die Dinge erleben durfte, die ich die Freude hatte zu erleben, ist gigantisch aufregend für mich, und wird es immer sein. Als wir für den Podcast ein Zoom-Interview mit Ted Danson machten, drehte ich durch, obwohl es virtuell war. Es war VIRTUELL. Ich weiß noch, dass ich, als alles vorbei war, Zoom verließ und allen schrieb, von denen ich glaubte, dass es sie interessieren würde.

Aber nichts hat mich je so stark beeindruckt wie die beiden Male, als ich mit den ehemaligen Präsidenten Bill Clinton und Jimmy Carter zusammentraf. Das hat nichts mit meinen politischen Überzeugungen zu tun, und alles damit zu tun, was es bedeutet. Ich bin die Enkeltochter von Überlebenden eines Genozids und hier sitze ich nun Seite an Seite mit zwei Männern, die jeder eine Zeitlang der mächtigste Mann der Welt waren.

## Jimmy Carter

Ich traf Jimmy Carter und Rosalynn Carter, als wir eine Show-Woche in Atlanta vorbereiteten. Das Carter Center ist in Georgia und ich weiß ehrlich nicht, wie das Treffen arrangiert wurde, aber irgendwie geriet ich in einen E-Mail-Verteiler von Jimmy Carters Büro, um ein Treffen mit Conan und dem ehemaligen Präsidenten zu organisieren. Conan weiß mehr über die Geschichte der Präsidenten als irgendjemand, den ich kenne, und er ergreift jede Gelegenheit für ein Treffen mit einem ehemaligen Präsidenten, also auf ging's.

Der Plan war, dass nur Conan sich mit Präsident Carter in dessen Büro treffen sollte, also begleitete ich ihn dorthin und stellte mich Präsident Carters Assistenten vor, und dann unternahm ich allein einen Rundgang durch das Center.

Ich sah das nachgebaute Oval Office von Präsident Carter und ganz viele Erinnerungsstücke aus seiner Zeit im Office. Ich spazierte herum wie eine Touristin, schlug die Zeit tot, in der ich allein war, und lernte etwas über Geschichte. Ich kapierte, warum Conan von der Geschichte der Präsidenten fasziniert war. Ich war schon in der Bibliothek von Reagan und in der von

Lincoln, und sie sind alle ganz unterschiedlich. »Ich sollte ein Buch über die Geschichte Amerikas lesen«, dachte ich. Dann lachte ich, weil mir klar wurde, dass ich das niemals tun würde.

Es war ein wunderbarer Ort und ich genoss es, dort zu sein. Dann, nach etwa einer Stunde, ging ich zurück zu dem Büro, wohin ich Conan begleitet hatte. Während ich dort darauf wartete, bis Conan mit seinem Treffen fertig war, fragte mich eine der Assistentinnen von Präsident Carter, ob ich den ehemaligen Präsidenten kennenlernen möchte. Ich war wie vom Donner gerührt.

»Ich? Sind Sie sicher, dass das gehen würde?«

»Ja, natürlich!« Es stellte sich heraus, dass Jimmy Carter ein sehr cooler Typ ist.

Als ich das Büro betrat, sah ich die Carters an und erstarrte. Dann tat ich, was ich immer tue, wenn ich überwältigt bin, nämlich weinen. Ich *weinte*. Aber natürlich nicht so ein heulendes Weinen. Es war die Art Weinen, bei der einem die Augen überlaufen und die Stimme versagt, und ich bin ziemlich sicher, dass ich so etwas sagte wie: »Ich kann gar nicht glauben, dass ich Ihnen gegenüberstehe.« Er war sichtlich gerührt. Er bot an, mit mir ein Foto zu machen, und sagte mir, ich könne mich neben ihn stellen. Es war so, als wäre ich wieder ein Teenager bei einem Meet-and-Greet mit Justin Bieber, und dabei war es 2011.

Während ich mit einem ehemaligen Präsidenten und seiner First Lady in diesem Büro stand, war ich von Freude überwältigt. Ich weiß noch, wie ich meinen ersten Job bekommen hatte, und jemand sagte mir, ich solle niemals abstumpfen, und dies war einer jener Momente, in denen mir das wieder einfiel. Man kann sich leicht an die »Was-tue-ich-hier-bloß«-Momente gewöhnen. Man kann leicht in eine Haltung geraten, dass man diesen Lebensstil schon immer hatte, und vergessen, dass man zehn Jahre früher sieben Stunden in der Standby-Schlange bei Tower Records auf dem Sunset Boulevard gestanden hatte, um George Michael zu treffen, und es hat nicht geklappt, weil er aus Zeitmangel nach der Schlange der Leute mit Armbändern gar nicht zur Standby-Schlange durchkam, und das tat umso mehr weh, als man die Zweite in der Standby-Schlange war und man in den Laden hineinsehen konnte und sah, wie dort alle einen schönen Moment mit ihm erlebten.

Jedenfalls werden manche von meinen Erlebnissen in meiner Erinnerung nie verblassen und ich werde mich nie an sie gewöhnen. Ich denke immer an diesen Moment, wenn ich Jimmy Carter in den Nachrichten sehe, wie er mit bloßen Händen ein Haus baut oder mit über 90 den Krebs besiegt, und ich erinnere mich daran, wie warmherzig er zu mir war, obwohl er das gar nicht musste. Es erinnert mich daran, dass man oft überwältigt ist, wie freundlich manche Menschen sein können, obwohl sie den höchsten Bekanntheitsgrad erreicht haben. Ich hatte das Glück, mit solchen Menschen zusammenzutreffen und zu arbeiten, und auch wenn Ruhm verblassen kann, menschliche Größe verblasst niemals.

## Bill Clinton

2016 moderierte Conan ein Forum mit Bill und Chelsea Clinton für die Clinton Foundation. Das mit ansehen zu dürfen, wenn auch hinter der Bühne, war sehr aufregend für mich. Ich fand es schon aufregend, dass ich zur Planung dieses Ereignisses einen Teil beigetragen hatte, wenn auch nur einen kleinen. Es war ihre jährliche Universitäts-Initiative Clinton Global, bei der College-Studierende aus dem ganzen Land für ein Wochenende zu Networking und Workshops zusammenkamen. Es war eine fantastische Veranstaltung und dies war die Abschlussveranstaltung des Wochenendes.

Conan machte diese großartige Frage- und Antwortrunde mit Präsident Clinton und Chelsea und danach standen wir alle vor dem Auditorium, in dem die Frage- und Antwortrunde stattgefunden hatte. Als ich nach hinten sah, bemerkte ich eine Schlange von Menschen, die offensichtlich den ehemaligen Präsidenten treffen wollten. Ich stand da mit Conan, dem Chef unserer Digitalabteilung Steve Beslow und einer unserer Agenten, Britt Kahn. Wir standen da, während Clinton auf uns zusteuerte und begann, mit Conan zu sprechen. Steve, Britt und ich traten zur Seite, damit die beiden in Ruhe sprechen konnten, aber der ehemalige Präsident bewegte sich mit uns weiter, um uns ins Gespräch miteinzubeziehen. Es war ein seltsamer Kreistanz, bei dem sich zahlreiche Menschen mitbewegten, wie ein sehr langsamer menschlicher Tornado.

Clintons Amtszeit war problematisch, und der Skandal, der ihn letztlich zu Fall brachte, war eine Enttäuschung für jene, die ihn unterstützten; aber er war dennoch zwei Perioden lang Präsident gewesen und wieder empfand ich große Freude, in einer Position zu sein, in der ich jemand so Einflussreichen persönlich kennenlernen konnte. Außerdem war Präsident Clinton noch im Amt, als ich schon auf der Welt war. Ich konnte mich an die Zeit seiner Präsidentschaft erinnern und das machte ihn für mich zu einer überlebensgroßen Figur. Er war für mich kein Mensch gewesen, sondern eine Karikatur – ein Saxofon spielender Südstaaten-Charmeur. In jenem Moment in der Vorhalle nach der Frage- und Antwortrunde wurde er für mich zu einem menschlichen Wesen. Dennoch habe ich keine Ahnung, was er sagte. Meine Gedankengänge waren in etwa so:

»Oh mein Gott, er war der PRÄSIDENT. Ich frage mich, wie es ist, im Weißen Haus zu wohnen. Wenn ich im Weißen Haus wohnen würde, würde ich jede Woche eine Party geben. Ich frage mich, ob man jeden zu sich einladen kann, wenn man da wohnt. Worüber spricht er gerade? Wieso hat er gerade ›Bewässerung‹ gesagt? Sollte ich aufpassen, was er sagt? Was, wenn er mich etwas fragt? Oh nein, er wird feststellen, dass ich eine totale Idiotin bin, und ich werde etwas erfinden müssen, und hoffen, es passt ins Gespräch. Ich frage mich, wie es in Arkansas so ist. Gibt es in Little Rock wirklich einen kleinen Felsen? Woher hat er seinen Namen? Ist er der berühmteste

# WIE MAN DIE FIRMEN-KREDITKARTE MISSBRAUCHT, OHNE TATSÄCHLICH ETWAS ZU UNTERSCHLAGEN

1. Eignen Sie sich besagte Kreditkarte an.

2. Fangen Sie klein an.

3. Erweitern Sie langsam die Grenzen.

4. Thematisieren Sie immer die Arbeit, damit Sie die Ausgaben als arbeitsbezogen rechtfertigen können.

# KREDITKARTE (FORTSETZUNG)

5. Wenn die Buchhaltung Verdacht schöpft, gestehen Sie etwas Kleines ein und bieten Sie an, den Fehler zu korrigieren.

6. Verhalten Sie sich eine Zeitlang ruhig.

7. Dann fangen Sie wieder klein an …

8. Wiederholen Sie den Kreislauf.

Mensch von dort? Ich meine, wer sonst würde noch berühmter sein als ein ehemaliger Präsident? Das ist wie bei Nixon, der aus Whittier kommt, denke ich mal. Ich kann nicht glauben, dass ein Präsident aus einer Stadt kommt, die so nah an dem Ort ist, wo ich aufgewachsen bin. Warum denke ich über Nixon nach, während Bill Clinton gerade direkt vor mir steht? Ich frage mich, ob Hillary jemals wieder als Präsidentschaftskandidatin antritt. Ich bin sicher, sie wird das großartig machen.«

Und so weiter.

Ehe wir uns versahen, standen wir in dem Kreis und quatschten mit dem Präsidenten, ich glaube, es müssen mindestens etwa 25 Minuten gewesen sein. Die lange Schlange der Leute hinter uns, die er treffen wollte, wurde sichtlich nervös. Irgendwann kam jemand von Clintons Leuten dazu und unterbrach das Gespräch, sodass er sich allen anderen zuwenden konnte. Ich wünschte wirklich, ich hätte aufgepasst, was er zu sagen hatte.

## Geschlechterrollen

Ich habe mir einen Beruf gewählt, der eine sehr problematische Geschichte mit sexuellem Missbrauch hat. Ich kam völlig naiv damit in Berührung, und wenn ich irgendwann mal eine Frau kennenlernte, von der ich glaubte, dass sie für ihre Position nicht qualifiziert war, nahm ich an, dass sie sich den Weg nach oben erschlafen hat. Mich ließ das völlig kalt – und ich war komplett gnadenlos in meinen Annahmen über bestimmte Frauen. Ich war Teil des Problems, bis die #MeToo-Bewegung aufkam und ich eine Vorstellung davon bekam, dass manche Frauen in der Unterhaltungsbranche mehr als schlecht behandelt wurden; es war missbräuchlich und kriminell. Ich bin schockiert, dass ich bis dahin die Art, wie manche Männer mit mir sprachen, als »Teil davon, meine Schulden zu bezahlen« betrachtet hatte. Ich musste eben schikaniert werden, um nach oben zu kommen. Wie dumm. Hier kommen ein paar Geschichten über die Gelegenheiten, bei denen mir meine Rolle als Frau in der Unterhaltungsbranche schmerzlich bewusst wurde, und wie das mein Bild von Autorität geprägt hat.

## Eine Lektion in Geschlechterrollen

Als ich am College war, war es mir wichtig, dass ich jedes Semester ein Praktikum machte. Als ich an der Hochschule anfing, war ich noch nicht sicher, ob ich beim Film oder beim Fernsehen arbeiten wollte. Nachdem ich bei einer Filmproduktionsgesellschaft ein Praktikum gemacht hatte, wusste ich, dass mir die Filmbranche zu langsam ist, und dass mir das fast augenblickliche Ergebnis lieber war, das das Fernsehen lieferte. In der Filmwelt kommt erst die Vorproduktion, die dauert ewig, dann dauern die Filmaufnahmen ewig, dann dauert die Nachproduktion ewig, und was dann herauskommt, sind zwei Stunden Film. Ich bin sicher, ich habe eine Million Schritte ausgelassen, aber ich arbeite nicht beim Film, also wen interessiert's.

Auf der anderen Seite kann man eine Fernseh-Episode in einer Woche aufnehmen und sie könnte am nächsten Tag gesendet werden, oder, wie beim Late-Night-Programm, noch am selben Tag. Wie aufregend! Aber das alles ist überhaupt nicht relevant für dieses Thema. Was relevant ist, ist, dass ich bei einem meiner Praktika in der Filmproduktion eine harte Lektion in Sachen Geschlechterrollen in der Unterhaltungsbranche erteilt bekam.

Ich war 19 und hatte ein Praktikum bei einer unabhängigen Filmproduktionsfirma in Los Angeles bekommen. Es war eine kleine Firma und deshalb übertrugen sie den Praktikantinnen ganz schön viel Verantwortung. Einmal gab mir einer der Assistenten in der Firma ein Skript, das von der Tochter eines der Produzenten von *Rocky* geschrieben worden war. Er sagte, ich solle es lesen und ihm dann sagen, wie ich es fand, und das tat ich auch. Ich fand es nicht berauschend, und er auch nicht, also sagte er mir, ich solle die Frau anrufen, die es geschrieben hatte, und ihr sagen, dass wir das Skript weitergeben würden. Ich verstand nicht, warum gerade ich diesen Anruf machen sollte. Ich hatte das Gefühl, das sei eine zu große Aufgabe für eine Praktikantin, selbst wenn man berücksichtigte, dass Praktikantinnen dort mehr Verantwortung bekamen als sonst. Zu der Zeit wusste ich nicht, dass ein Skript »weiterzugeben« bedeutete, dass man nichts weiter damit tat, was natürlich etwas ganz anderes war.

»Sie geben das Skript weiter?« fragte sie.

»Ja.«

»Oh mein Gott! Also wird es einer der Produzenten lesen?«

Ich, total verdattert und durcheinander: »Ja.«

»Das ist ja großartig!« Man konnte praktisch den Champagnerkorken im Hintergrund ploppen hören.

Ich, schwitzend: »Also gut, es wird Sie jemand anrufen. Ich muss jetzt weg.«

Ich wusste, da musste irgendein Fehler passiert sein. Der Assistent und ich hatten über die Probleme an dem Skript gesprochen, warum also würde er wollen, dass ich diese Frau anrief und ihr sagte, dass wir das Skript weitergeben würden? Außerdem, *an wen* würden wir das Skript denn weitergeben? Warum hatte ich nicht danach gefragt, als er mir auftrug, diesen Anruf zu machen? Und schließlich, WARUM HATTE ICH DIESEN ANRUF GEMACHT? Ich war eine 19-Jährige, die seit fünf Minuten in der Unterhaltungsbranche arbeitete. Ich wurde nicht einmal bezahlt. Ich wusste nicht, warum der Assistent mich diese Person anrufen und ihr mitteilen ließ, ob wir ihr Projekt übernehmen würden oder nicht. Wie konnte das meine Aufgabe sein? Konnte ich nicht einfach Kaffee holen gehen?

Ich ging zurück zu dem Assistenten und erzählte ihm, was bei dem Anruf passiert war. Er sah sichtlich frustriert aus. Was für ein Arsch. Noch mal, WARUM HATTE ICH DIESEN ANRUF GEMACHT? Um alles nur noch schlimmer zu machen, trug er mir auf, *ich* solle sie noch einmal anrufen und das Missverständnis erklären. Ich erlebte an diesem Tag die komplette Hölle.

Ich rief die Frau nochmals an und sagte ihr die schlechte Nachricht. Dass ich die Bewertung des Skripts durch die Firma falsch verstanden hatte, und dass ich es falsch gesagt hatte. Ich habe ihr nie gesagt, dass ich eine Praktikantin war, die nichts von dem Geschäft verstand, was ja auch der Grund war, aus dem ich überhaupt ein Praktikum machte. Ernsthaft, es wollte keiner Kaffee? Na, dann hätte ich genauso gut auch Verträge verhandeln können.

Sie war verständlicherweise sauer. Wir legten auf und ich wollte mich nur noch in einem Loch verkriechen.

Okay, ich merke, dass diese Geschichte nur wenig Relevanz für dieses Thema hat, aber jetzt bin ich schon dabei, also nehmen Sie es mir nicht krumm.

Es vergingen ein paar Monate und mittlerweile verstand ich mich mit allen in der Firma ganz gut. Sie ist klein und man hat mir ein angemessenes Maß an Verantwortung übertragen (offenbar!), also habe ich ein gutes Gefühl. Einer der Produzenten in der Firma fragt mich, ob ich ihm helfen könne, in seinem Büro Skripte zu sortieren, eine Gelegenheit, die ich mir nicht entgehen lasse. Ich wartete immer auf die Gelegenheit, jedem, der bereit war, mir zuzuhören, eine Million Fragen zu stellen, und ich dachte mir, welche Gelegenheit ist besser, um das Hirn von jemandem anzuzapfen, als wenn man gemeinsam Skripte sortiert?

Noch bevor ich fragen kann, ob es okay ist, wenn ich ihm Fragen stelle, sagt er: »Jetzt wäre ein guter Zeitpunkt, mich zu fragen, was immer du mich fragen willst.«

Ganz benommen frage ich: »Wie sind Sie dazu gekommen, Filme zu produzieren?« Ganz allgemeine Frage. Einfach.

Er antwortet.

»Wollten Sie das immer schon machen?« Wieder ganz allgemein. Einfach. Ich werfe hier mit Softbällen. Und so verläuft das ganze Gespräch. Wer ist sein Mentor? Was hat er am College studiert? Uninspirierte Fragen, auf die pauschale Antworten folgen. Bis zu meiner letzten Frage, als ich ihn frage, ob er irgendeinen Rat für mich hat.

»Frauen kommen in dieser Branche nur hoch, wenn sie zehnmal so hart arbeiten wie Männer oder wenn sie irrsinnig attraktiv sind.«

Scheiße.

Obwohl ich in dem Alter noch ehrgeizig war, kannte ich mich doch gut genug. Ich würde niemals zehnmal so hart wie irgendjemand arbeiten. Ich würde mich so weit anstrengen wie angemessen, und hoffen, dass meine Ausstrahlung mich den restlichen Weg weiter voranbringen würde. Selbst wenn ich ein Mensch wäre, der dazu in der Lage wäre, wüsste ich nicht, wie man »zehnmal so hart arbeiten wie ein Mann« messen könnte. Nimmt man die Stunden, die er arbeitet, multipliziert sie mit zehn und arbeitet so viele Stunden in der Woche? Und wenn er 40 Stunden arbeitet? Die Woche hat weit weniger als 400 Stunden, wie sollte das also gehen? Und wann sollte ich schlafen? Ich liebe schlafen. Oder vielleicht nehme ich die Anstrengung eines männlichen Kollegen und multipliziere sie mit zehn? Aber wie? Wie multipliziert man Anstrengung? Wenn er eine halbe Stunde braucht, um sich das Mittagessen ins Büro zu holen, wie würde ich das zehnmal schneller schaffen? Kann ich physisch gesehen in drei Minuten Essen holen? Wenn ein männlicher Kollege gut am Telefon ist, wie kann ich dann zehnmal so gut sein? Zehnmal so freundlich? Wenn ich telefonierte und er das nie tat, wie würde ich dann wissen, wonach ich meine Anstrengungen richten müsste? Das alles hörte sich so an, als ob ich zum Scheitern verurteilt wäre.

Was mein Aussehen betrifft, war ich immer zufrieden mit meinem Erscheinungsbild, aber ich weiß, dass ich nicht »irrsinnig attraktiv« bin. Meine Eltern und mein Ehemann sind wahrscheinlich die einzigen Menschen, die sagen würden, dass ich gut aussehe, aber meine Mutter findet auch, ja sie ist wirklich überzeugt, dass mein Bruder wie Jon Hamm aussieht, also kann man ihrem Urteilsvermögen wirklich trauen? Sie findet auch, dass ich eine großartige Singstimme habe, was ein noch vernichtenderer Beweis für ihre verzerrte Wahrnehmung durch die Augen einer Mutter ist. Leider führen weder meine Eltern noch mein Mann ein Unternehmen der Unterhaltungsbranche, also was nützt es mir dann, dass sie finden, ich sei hübsch? Es würde mir offensichtlich nicht helfen, in Hollywood weiterzukommen.

Das war die Vorstellung von der Unterhaltungsbranche, als ich 19 war – dass ich zum Scheitern verurteilt war, weil dieser eine Produzent irgendwelche willkürlichen Regeln aufgestellt hatte – darüber, was eine Frau tun musste, um in seiner Branche Erfolg zu haben.

Vor Kurzem habe ich ihn gegoogelt, um zu sehen, was er so macht, und er hat in fast 15 Jahren keinen einzigen Film produziert. Vielleicht sollte er es mal damit versuchen, zehnmal so hart zu arbeiten wie die anderen Produzenten. Oder irrsinnig attraktiv zu sein.

## Mein Hintern

Es war ein normaler Tag im Büro. Conan war noch nicht zu den Proben ins Studio gegangen und verbrachte den Vormittag mit seinen Meetings. Ich switchte zwischen dem Netflix-Fenster und dem Outlook-Fenster hin und her, multitaskingmäßig wie ein Profi. Ich stand auf, um mir einen Snack aus der Küche zu holen, und da passierte es.

Um von da, wo ich saß, in die Küche zu kommen, musste man durch die Hauptlobby des Stockwerks laufen. Unsere Büro-Koordinatorin saß da und checkte Leute für Meetings ein. Unsere Büro-Koordinatorin hatte auch die Verantwortung für die Praktikantinnen, also hielten sich dort immer Praktikantinnen auf und warteten, dass man sie losschickte, um etwas zu erledigen.

Zu dieser Zeit war ich schon in ein paar Szenen von Conans Show aufgetaucht, also begannen die Zuschauer unserer Show, mich wiederzuerkennen. Als ich zur Küche ging, rief mir ein Mann in der Lobby, der so aussah, als warte er auf ein Meeting mit einem unserer Produzenten, nach.

*»Sona!«*

Ich drehte mich um und sah einen älteren Mann, der mir zulächelte und mir winkte. Ich konnte nicht sagen, wie alt er war, aber er strahlte so etwas aus, dass in der Zeit, in der er in der Unterhaltungsbranche angefangen hatte, es total okay war, seine Assistentin zu knallen und sich vom Schreibtisch aus Kokain-Linien reinzuziehen. Er trug bequeme Kleidung und seine weißen Haare waren nach hinten gegelt.

*»Hi!«*

*[Ich sagte das voller Begeisterung zu ihm. Ich weiß nie, wie ich reagieren soll.]*

*»Bin ein großer Fan.«*

*»Das freut mich. Danke.«*

*»Sona Movsesian – das ist armenisch, oder?«*

*»Ja, genau. So wie Cher.«*

*»Oder wie die Kardashians.«*

*»Hmja.«*

*[Ich setze ein künstliches Lächeln auf, wenn ich mit solchen Menschen rede. Das tut mir richtig weh im Gesicht.]*

*»Mögen Sie die Kardashians nicht?«*

*»Ich habe nichts gegen sie. Mir gefällt Cher nur besser.«*

*»Sind Sie vielleicht neidisch auf Kim?«*

*»Was? Nein, überhaupt nicht.«*

*»Das ist gut, denn Ihr Hintern ist viel besser als Kims.«*

*[Ich stand eine Zeitlang da und sagte nichts. Mein künstliches Lächeln war mir immer noch ins Gesicht geklebt. Ich wusste nicht, was ich sagen sollte, also stand ich weiter da und lächelte. Irgendwann, nach einer gefühlten Ewigkeit –]*

*»Haha, das ist definitiv nicht wahr. Ich muss jetzt in die Küche.«*

Das war eine Beleidigung auf mehreren Ebenen.

Zu allererst ist mein Hintern absolut nicht besser als der von Kim Kardashian. Ich habe ihren Hintern persönlich gesehen, und er ist göttlich. Sie kam einmal mit ihren Schwestern zur Show und sie trug ein enges schwarz-weißes Kleid. Ein weiteres Mal kam sie mit einem engen braunen Rock. Beide Male wurde ihr Hintern betont und er war perfekt, also fühle ich mich berechtigt, dies zu kommentieren. Mein Hintern ist nicht groß und nicht klein. Er ist einfach normal. Er ist nicht straff, er hat eine Menge Cellulite, und er ist in keiner Weise definiert. Verstehen Sie mich nicht falsch, es ist kein furchtbar hässlicher Hintern. Er ist nur nicht so schön wie der von Kim Kardashian, geschweige denn *schöner* als ihrer.

Zweitens sagte dieser Schwachkopf dies vor der Büro-Koordinatorin und ein paar Praktikantinnen, die zufällig gerade in der Lobby waren. Das war derart peinlich, vor meinen Kolleginnen bloßgestellt zu werden – indem ein älterer Mann eine Bemerkung über meinen Hintern machte. Es ist schon absolut nicht okay, wenn irgendjemand eine Bemerkung über Ihren Hintern macht, aber von jemandem, auch noch einem Fremden, der aussieht, als hätte er den Tod vor Augen, ist es noch grusliger. Ich glaube, das Schlimmste daran war, dass ich wusste, wie schlagfertig diese jüngere Generation von Praktikantinnen ist, und dass ich einfach dastand wie ein Idiot und nichts sagte. Es gab kein »Wie sprechen Sie denn mit mir?« und kein »Sagen Sie niemals irgendetwas über meinen Hintern!« Nur eine schwache Antwort. Und ich wusste einfach, dass mir alle auf den Hintern starrten, als er das gesagt hatte, in dem Glauben, dass sie etwas sehen würden, das Kim Kardashian alt aussehen ließ, aber nein. Nichts. Nur eine armselige, erbärmliche Entschuldigung für meinen Hintern. Dieser Mistkerl hat mich also nicht nur abgewertet, indem er mich auf einen Körperteil reduzierte, sondern er machte das auch noch anhand eines Körperteils, auf den ich nicht einmal stolz bin. Hätte er etwas über meinen Busen gesagt, wäre das etwas anderes gewesen.

Und schließlich WAR ICH BEI DER ARBEIT und wollte mir einen Snack holen, wie immer. Er hatte mir meine Snackpause ruiniert und das ist unverzeihlich. Als ich in die Küche kam, fühlte ich mich ekelhaft, als hätte mich jemand bei der Arbeit vor allen nackt ausgezogen und mit einem Laserpointer auf meinen Hintern gezeigt. Ich war wütend, dass die Praktikantinnen die Szene mitbekommen hatten, und noch wütender, dass sie gesehen hatten, wie ich seinen Kommentar still hingenommen hatte.

Als ich wieder aus der Küche kam, ging ich zurück in unseren Bereich, wo die Büros von Conan und Jeff Ross sind, und erzählte Jeffs Assistentin, was passiert war. Conan hörte es, kam heraus und fragte mich, was passiert sei, und ich erzählte es ihm. Er hatte gerade Gitarre gespielt, und ich sah, wie es in seinen Gedanken arbeitete. Dann sah er mich an und sagte: »Was kann ich für dich tun? Ich weiß nicht, mit wem er sich gerade trifft, aber ich kann ihn gerne rauswerfen.« Ich weinte fast. Es war eine Geschichte über zwei gegensätzliche Männer – einer gab einer Frau das Gefühl, Dreck zu sein, und der andere nutzte seine Position, um für sie einzutreten. Wenn die Szene überhaupt für irgendetwas gut war, dann dafür, dass mir klar wurde, dass ich für den Richtigen arbeitete, selbst in einer Branche, die noch einen langen Weg vor sich hat. Auch wenn es darin noch immer einen gewissen Anteil an Leuten gibt, die in der Vergangenheit verhaftet sind, macht es eine neue Welle von fortschrittlichen Männern und Frauen der alten Garde inzwischen schwer, mit ihrer Tour durchzukommen.

Ich sah Conan an und sagte ihm, er solle sich deswegen keine Umstände machen. »Dieser Schwachkopf wird sowieso bald sterben«, sagte ich doch tatsächlich. Dann, nach dem Termin, den dieser Typ bei einem unserer Produzenten hatte, ging ich zu dem Produzenten ins Büro und erzählte ihm, was dieser Typ zu mir gesagt hatte, in der Hoffnung, dass diese Enthüllung den Produzenten dazu bringen würde, diesen Mann nie mehr in sein Büro zu bitten (was auch so kam). Würde das dem alten Mann helfen, sein Fehlverhalten einzusehen? Überhaupt nicht. Aber mir gab es trotzdem ein gutes Gefühl.

## Keine Dates mit Kollegen

Als ich Praktikantin bei einer kleinen Fernseh-Produktionsgesellschaft war, fragte mich einer der Assistenten, ob ich mit ihm ausgehen wolle. Es war mein zweites Jahr am College zu der Zeit, und ich wusste, es war keine gute Idee, mit ihm auszugehen. Aber ich sagte ja, weil er süß war und ich fand, es wäre auch komisch, wenn ich ihn zurückwies. Ich dachte, es sei ein guter Kompromiss, dass er mit mir und meinen Freunden in ein Konzert im Roxy ging, zu dem wir an diesem Wochenende gehen wollten.

Wir trafen uns am Roxy und gingen ins Konzert, danach holten wir uns alle Drinks in einer Bar in der Nähe auf dem Sunset Boulevard, und schließlich besorgten wir uns spät nachts noch etwas zu essen.

Wir waren zu fünft in der Gruppe und es wurde schnell klar, dass dieser Typ von der Arbeit ein Knallkopf war. Sicher, er sah gut aus, aber er hatte nicht viel zu erzählen, er hatte keinen Sinn für Humor, und jedes Mal, wenn er etwas sagte, passte es nicht zum Gespräch. Es hing einfach so in der Luft. Nachdem wir gegessen hatten, brachte er mich zu meinem Auto, und ich wehrte seine Annäherungsversuche erfolgreich ab, in dem Bewusstsein, dass es ziemlich komisch sein würde, am Montag wieder ins Praktikum zu gehen.

Und genau so war es auch.

Wir hatten ein internes Nachrichtensystem, das die Angestellten untereinander nutzten, und er schrieb mir sofort, als ich zu meinem Schreibtisch kam, sagte Hallo und begann ein Flirtgespräch. Er saß nur wenige Meter von mir entfernt, sodass er meinen Gesichtsausdruck direkt sehen konnte, wenn ich seine Nachrichten las. Ich bot ihm kein Lächeln, keinen sehnsuchtsvollen Blick. Ich blieb völlig ungerührt, was immer ein schlechtes Zeichen ist. Ich wusste aber, wegen des Praktikums musste ich ehrlich mit ihm sein und ihm sagen, dass ich nicht an ihm interessiert war. Naja, nicht ganz ehrlich – ich sagte ihm, wir könnten uns nicht mehr treffen, weil wir Arbeitskollegen waren. Eine schwache Ausrede, wenn man schon einmal zusammen ausgegangen ist. Aber ich schrieb die Nachricht pflichtbewusst und schickte sie übers interne System ab.

Natürlich wollte mein Ego glauben, dass er am Boden zerstört wäre, dass er mich anflehen würde, es mir noch mal zu überlegen. Tat er aber nicht. Er zuckte kaum mit der Wimper. Dann fragte er, ob eine meiner Freundinnen, die dabei gewesen waren, als wir ausgingen, Single sei, denn er wollte ihre Nummer. Versuchen kann man es ja mal, dafür kann man ihm keinen Vorwurf machen. Aber dann gab er mir während der ganzen restlichen Zeit meines Praktikums bei der Firma für ihn oder seinen Chef nichts zu tun. Er nahm kaum wahr, dass es mich gab. Ich schrieb ihm immer wieder und fragte ihn, ob er irgendetwas brauche, und er antwortete nur »Nein, danke« oder »Alles gut«. Na gut.

So habe ich also gelernt, dass es ein Fehler ist, mit jemandem von der Arbeit auszugehen. Wenn es nicht funktionierte und ich ehrlich mit ihm war, konnte ich immer noch schikaniert werden. Mein Praktikum war großartig, aber es hätte noch besser sein können, wenn ich die Chance gehabt hätte, jedem im Büro zu helfen, ohne mir Gedanken über einen eingeschnappten Assistenten zu machen, der mir Steine in den Weg legte. Ich nahm diese Erkenntnis mit in jeden weiteren Job danach – Beziehungen sind schwierig, und komplizierte Arbeitsbeziehungen vermischt mit romantischen Beziehungen können einen nur daran hindern, von einem Job zu profitieren.

Und nein, meine Freundin ging nicht darauf ein. Der Arme wurde zweimal abgewiesen.

## Dave

Im Mai 2015 bekam ich einen Anruf von David Lettermans Assistentin Mary Barclay, die mich vorwarnte, dass ein Geschenk an Conan unterwegs war. In jenem Jahr hatte Conan einen sehr schönen Beitrag zu Ehren von David Letterman anlässlich Daves letzter Show verfasst. Als Dankeschön wollte Dave ihm ein Geschenk machen.

Sie rief mich an, um mir mitzuteilen, dass die Lieferung etwas schwierig sein würde. Sie ließ mich wissen, dass es kein normales Geschenk sei, und dass es besondere Aufmerksamkeit erfordere, und dass man vor Ort Bescheid geben müsse. Ich wurde neugierig. Ich sagte dem Sicherheitschef Jim Stack, dass etwas geliefert werden würde, und ich wüsste nicht genau, was es war.

Wir bekommen die ganze Zeit Dinge geliefert und es ist nie eine große Sache. Die Sendungen und Pakete werden außerhalb des Geländes überprüft und dann ins Studio gebracht. Ich konnte mir nicht vorstellen, was da so schwierig sein könnte.

Später rief mich jemand aus dem Security-Stand am Eingang an und klang ganz besorgt.

*»Wissen Sie, dass wir eine Lieferung für Conan haben?«*

*»Ja, danke. Sie können den Lieferanten einfach ins Studio schicken.«*

*»Das wird nicht so einfach gehen.«*

*»Nicht? Wieso nicht?«*

*»Wir reden mal mit Jim.«*

Etwas später rief mich Jim an.

*»Es ist ein Pferd.«*

*»Was ist ein Pferd?«*

*»Die Lieferung für Conan. Es ist ein Pferd.«*

*»Ein echtes?«*

»*Ja.*«

»*Ich verstehe nicht ganz.*«

»*Jemand hat an die Pforte ein Pferd für Conan geliefert.*«

»*Was sollen wir denn damit?*«

»*Derzeit arbeiten wir daran, es aufs Gelände zu bringen.*«

»*Okay.*«

Ich ging zu Conan ins Büro. Ich wollte ihm nicht sagen, was es war, und damit die Überraschung verderben, also sagte ich nur, es sei eine Lieferung von David Letterman gekommen, und dass er rausgehen müsse, um sie zu holen. Verwirrt verließ Conan das Studio, spazierte die kleine Allee seitlich des Gebäudes hinunter, und da stand es: Conans Comedy-Held hatte ihm als Dankeschön ein Pferd geschickt. Ein großes elfjähriges weiß-braunes Pferd namens Dave.

Wir standen alle da und waren sprachlos. Keiner hatte irgendeine Ahnung, was wir jetzt tun sollten, also tat Conan das Einzige, was er tun konnte. Er setzte sich auf das Pferd und nahm ein Foto auf. Nach ein paar Minuten, in denen wir das Pferd angesehen und gestreichelt hatten, wurde uns klar, dass wir herausfinden mussten, was wir nach der Show damit tun würden. In der Zwischenzeit kehrte Dave, das Pferd, wieder zurück auf die Ranch, von der es gekommen war, und wartete, was seine neue Familie mit ihm anfangen würde.

Ich schreibe hier nicht darüber, was das für Conan bedeutete, oder was später mit dem Pferd geschah, denn das ist nicht meine Geschichte. Was ich daran aber liebe, ist, dass Mary, Daves Assistentin, das Ganze organisieren musste. So ist der Job einer Assistentin – wenn dein Chef sagt, »Schicken Sie Conan ein Pferd«, musst du eben herausfinden, wie man das macht.

Im Juni 2009 starb Michael Jackson. Ich arbeitete zu der Zeit seit etwa sechs Monaten für Conan, also war unsere Beziehung noch im Werden. Conan ruft mich immer an, um einzuchecken, wenn er auf dem Weg ins Büro ist. Nachdem wir die üblichen Dinge durchgegangen waren, sagte er, er habe eine Bitte.

»Ach, eins noch – ich weiß, Michael Jackson ist vor Kurzem gestorben, und ich würde mich gerne angemessen von ihm verabschieden. Kannst du Drew anrufen [Drew Shane, unser Presseagent zu der Zeit] und zusehen, ob ich eine Zeit allein mit seinem Leichnam bekommen kann?«

»Ja, natürlich«, sagte ich voller Mitgefühl. Ich wusste nicht, wie Conans Verhältnis zu Michael Jackson gewesen war. Wenn sie nun Freunde gewesen waren? Sechs Monate waren nicht lang genug, dass ich wissen konnte, zu wem Conan eine Beziehung hatte und zu wem nicht, also wie hätte ich wissen können, dass die Bitte nicht ernsthaft gemeint war? Zu allem Übel machte ich mir auch noch pflichtbewusst eine Notiz in mein Notizbuch.

*Drew anrufen – privater Besuch bei Michael Jacksons Leiche für Conan. Eine Zeit allein, um sich zu verabschieden.*

Wie bei so vielen Bitten, besonders am Anfang, wusste ich nicht, wie ich das anpacken sollte. Ich wusste nur, dass ich es schaffen musste. Also begannen meine Gedanken zu arbeiten, um herauszufinden, wen ich kontaktieren konnte, um für Conan eine Zeit allein mit der Leiche von Michael Jackson zu organisieren. Ich wusste, dass solche Anfragen kommen würden, sobald ich für jemand Berühmten arbeiten würde. Ich wusste, es würde Momente geben, in denen ich eine Anfrage bekommen würde, die anders war als alles, was ich je zuvor erlebt hatte. Ich hatte Filme gesehen und hatte genug mit Assistentinnen gesprochen, um zu wissen, dass unsere Chefs uns manchmal um seltsame Dinge bitten würden, und wir würden es dann einfach irgendwie organisieren müssen.

Conan und ich beendeten unser Gespräch und ich begann mein Brainstorming. Sollte ich mich direkt an jemanden von Michael Jacksons Team wenden oder sollte ich über Drew gehen? Schaltet man bei einer so persönlichen Bitte den Presseagenten dazwischen? Wenn Conan Michael nahestand, stand er vielleicht auch den anderen Jacksons nahe. Würde es komisch aussehen, wenn ich einen Weg fand, Janet zu kontaktieren? Warum gab es keine Kontaktinformation für Michael in Conans Adressbuch? Vielleicht stand es unter einem Aliasnamen? Ich wollte Conan mit keiner dieser Fragen belästigen, aber ich würde es vielleicht müssen, da es so persönlich war. Wenn ich Zeit mit der Leiche eines Freundes verbringen wollte, um mich zu verabschieden, wäre es dann nicht passender, weniger professionelle Wege zu gehen?

Während ich über meine nächsten Schritte nachdachte, rief mich Conan wieder an. Er ging ein paar Dinge für die Show durch, die ich organisieren sollte, und dann ließ er beiläufig die Bemerkung fallen: »Ich habe mir gerade etwas überlegt – ruf doch Leigh Brecheen [Conans Anwältin] an und frag sie, was ich tun müsste, um Blanket zu adoptieren.«

»Michael Jacksons Sohn?«

»Ja«, sagte er, über sich selbst amüsiert. Im Lauf der Jahre habe ich verstanden, was der jeweilige Tonfall bedeutet, in dem er spricht – wann er einen Scherz macht und wann er ernsthaft ist. Heute würde er mit so einer Bitte bei mir niemals mehr durchkommen.

»Ist das ein Witz?«

Und da fing er an zu lachen. Er fragte: »Hast du auch geglaubt, dass es mein Ernst war mit der Einzelverabschiedung bei seiner Leiche?«

Ich antwortete nicht. Ich ließ ihn den Moment genießen.

Ein paar Minuten später kam er ins Büro und begann, jedem die Geschichte zu erzählen. Dann sah er in mein Notizbuch.

*Drew anrufen – privater Besuch bei Michael Jacksons Leiche für Conan. Eine Zeit allein, um sich zu verabschieden.*

Da war er – der Beweis, dass ich ihn ernst genommen hatte. Er nahm mein Notizbuch und begann es jedem zu zeigen, den er finden konnte. Es war brutal. Das war ein großer Aha-Moment für mich – nicht nur ist das meiste, was Conan sagt, ein Witz, sondern er liebt es auch, wenn er etwas, was ich gemacht habe, nutzen und jeden dazu bringen kann, mich auszulachen. Mir wurde klar, dass es zwar ein wertvoller Dienst für ihn war, wenn ich meine Assistentinnen-Pflichten wahrnahm, wie Besorgungen oder Terminplanung, aber es war ein noch viel größerer Dienst, wenn ich ihm Futter für seine Gags lieferte. Vielleicht habe ich meine Stellung in all den Jahren nur deshalb behalten, weil ich eine endlose Quelle von Material bin, und trotz meiner Mängel auf anderen Gebieten ist das für ihn wertvoller als alles andere.

In der Zeit, seit ich für Conan arbeite, habe ich gelernt, dass er nicht so jemand ist, der Dinge fordert, die unmöglich zu schaffen sind. Reservierungen in angesagten Restaurants, Tickets für eine ausverkaufte Show oder ein Produkt, das nicht mehr erhältlich ist, kann ich ihm relativ leicht besorgen, weil so viele Menschen wissen, wer er ist und ihn lieben. In neun von zehn Fällen wird alles, was Conan braucht, ohne große Mühen erledigt. Hin und wieder treffen wir aber dennoch auf Leute, die nicht wissen, wer er ist, und das gehört zu meinen liebsten Momenten. Sie bringen ihn wieder zurück auf den Boden der Tatsachen.

Das eine Mal waren wir zu Außenaufnahmen auf der Rennbahn von Santa Anita gewesen und danach gingen wir in ein beliebtes Dumpling-Restaurant namens Din Tai Fung in einer nahe gelegenen Shopping-Plaza (seitdem ist es zu einer beliebten Restaurantkette expandiert, aber das ursprüngliche Restaurant in den Vereinigten Staaten war dieses hier, in einer kleinen, schmalen Einkaufsmall in Arcadia, Kalifornien). Ich sagte Conan, bevor wir dort hingingen, dass es vor diesem Restaurant immer eine lange Warteschlange gibt, weil es so beliebt ist, und er sagte prahlerisch, er werde sich schon darum kümmern. Er spazierte selbstbewusst zur Hostess und bat um einen Tisch für uns drei. Die Hostess sah ihn ausdruckslos an und erklärte ihm, er müsse dafür 45 Minuten warten. Unser Chef-Autor Matt O'Brien und ich waren so froh, dass wir in diesem Moment dabei waren. Wir standen 45 Minuten da und warteten auf einen Tisch und immer wieder einmal bemerkte ein Fan Conan und nahm draußen ein Foto mit ihm auf. Viele davon fragten ihn, warum er denn warte, und er hatte keine Antwort darauf. Was sollte er auch sagen? »Sie kennen mich hier nicht?« Was für ein Spaß.

Als wir uns schließlich setzten, hatten ihn einige Angestellte entweder gegoogelt oder aus der Reaktion, die von anderen Leuten kam, geschlossen, dass er berühmt war, und er begann, mit allen Fotos aufzunehmen. Am Ende des Essens war er wieder berühmt, aber oh Mann, was für 45 Minuten das waren!

Jedenfalls, der Punkt ist, dass alles, was Conan verlangt, normalerweise leicht organisiert werden kann. Ich bin bloß froh, dass ich keinen von Michael Jacksons Mitarbeitern angerufen habe, bevor Conan mich noch mal angerufen hat. Ich weiß nicht, ob ich mich davon erholt hätte.

## Mord

Wie ich schon früher in diesem Buch erwähnt habe, las ich *Helter Skelter*, während ich in meinen Anfangsjahren am College in einem Uhrenladen in der Mall arbeitete. Die Story faszinierte mich, besonders als lebenslange Einwohnerin von Los Angeles. Aber man muss auch sagen, LA ist ein Traum für jeden, der von Mord fasziniert ist. Man kann im Laurel Canyon an einem Reihenhaus vorbeifahren, wo vier Menschen mit Rohren totgeschlagen wurden, auch die Wonderland-Morde genannt. Es gibt das Los Feliz Murder House, wo ein Mann seine Frau umbrachte und dann seine Tochter mit einem Hammer angriff, bevor er sich selbst tötete, indem er Gift trank. Das Haus, wo Marvin Gayes Vater ihn erschoss, steht noch immer, und ebenfalls das Gebäude, in dem Nicole Simpson und Ron Goldman ermordet wurden.

Conan und ich fanden schon früh heraus, dass wir ein gemeinsames Interesse an Mord haben, als er mir erzählte, er lese gerade *Helter Skelter*. Ich erzählte ihm, ich hätte es schon vor Jahren gelesen, und dann fingen wir an, uns ganz aufgeregt über diese grausamen Morde zu unterhalten. Ich glaube, das war erst ein paar Monate nachdem ich bei ihm angefangen hatte, und ich war froh, dass wir jetzt schon eine gemeinsame Basis gefunden hatten, auch wenn es die geteilte Faszination von brutalen Morden war.

Eines Tages hatte Conan noch Aufnahmen nach der Show und wir mussten länger bleiben. Er hatte seinen Wagen an jenem Tag schon früher weggeschickt, also war es meine Aufgabe, ihn nach Hause zu fahren. Als wir unterwegs waren, merkte Conan, dass wir in der Nähe des Benedict Canyon waren, der Gegend, in der die Mitglieder der Charles-Manson-Sekte fünf Menschen ermordet hatten, darunter auch die hochschwangere Sharon Tate. Wir fanden es eine gute Idee, zu dem Haus am Cielo Drive zu fahren, nur um es einmal zu sehen. Um näher dran zu sein, sozusagen.

Wir googelten die ursprüngliche Adresse des Hauses und bemerkten, dass es abgerissen und die Adresse geändert worden war, um zu vermeiden, dass Gaffer und komische Typen hierherkamen, die von Mord fasziniert waren, wie Conan und ich.

Das Haus lag an einer kleinen Seitenstraße außerhalb des Benedict Canyon, in der nicht allzu viele Autos fahren. Ein Auto wird dort schnell bemerkt, also schalteten wir die Scheinwerfer aus, als wir zu der Stelle fuhren. Conan setzte eine Baseball-Kappe auf, um nicht erkannt zu werden, und ich drosselte die Geschwindigkeit auf gruselig langsam.

Da waren wir nun – zwei Gestalten in einem Auto an einem Ort, an dem die berühmtesten Morde von LA passiert waren, zu sehr später nächtlicher Stunde, und fuhren mit ausgeschalteten Scheinwerfern sehr langsam heran, während der Beifahrer eine Kappe trug, um nicht erkannt zu werden. Ich bin mir sicher, dass schon viele unterschiedlichste Leute zu dem Haus gekommen sind, um es sich anzusehen, aber wie verdächtig wir

# DIE KUNST DER EXTERNEN UNTERHALTUNG

Lernen Sie, grundlegende Reaktionsmuster zu beherrschen. Finden Sie während eines Gesprächs heraus, welches Feedback Ihr Chef bekommen möchte. Führen Sie die passende mimische und verbale Reaktion aus und klinken Sie sich dann ruhig aus.

## 1. Bewunderung

## 2. Besorgnis

# EXTERNE UNTERHALTUNG
## (FORTSETZUNG)

3. Empörung

4. Mitleid

*Text eines Rap-Songs der Black-eyed Peas.

aussahen, war mir nicht entgangen. Und da dämmerte es mir – was wäre, wenn jemand die Polizei ruft, und die Polizei würde Conan O'Brien entdecken, wie er im Auto vor einem berühmten Mörderhaus saß? Wie würde die Schlagzeile bei TMZ* lauten?

**Willkommen in LA! Conan O'Brien und eine unbekannte Frau stalken mitten in der Nacht das Haus der Manson-Morde**

Also gut, das ist jetzt nichts, worauf ich herumreiten sollte, aber nachdem ich eine Zeitlang für Conan gearbeitet hatte, wurde mir klar, dass ich immer nur irgendeine unbekannte Frau sein würde, die bei ihm war. Wenn das Flugzeug, mit dem wir flogen, abstürzen würde, wäre die Schlagzeile:

**Gastgeber der Late-Night-Show und Comedy-Ikone Conan O'Brien stirbt bei Flugzeugabsturz – eine Nation trauert (Unbekannte Frau ebenfalls tot)**

Wenn wir gemeinsam irgendwie das Heilmittel für Krebs entdecken würden, wäre die Schlagzeile:

**Conan O'Brien verändert die Welt, indem er ein Heilmittel für jeden Krebs findet und Millionen Leben rettet. Ach ja, eine unbekannte Frau half ihm dabei.**

Wenn wir Kinder aus einem brennenden Bus retten würden, und ich würde 30 Kinder retten, und er keines:

**Conan O'Brien rettet den Tag! Lustiger Late-Night-Spaßvogel kann »Held« in seinen Lebenslauf schreiben, da er einen gesamten Bus voller Kinder vor dem Verbrennungstod rettete. Irgendeine blöde unbekannte Frau war auch da.**

* Anm. d. Übers.: US-amerikanische Nachrichtenwebseite.

Meistens machte es mir nichts aus, dass ich eine »unbekannte Frau« war. Und in dieser Nacht, als ich auf einer abgelegenen Straße in der Nähe von Beverly Hills in meinem Auto saß und zusah, wie mein Chef ausstieg, um sich die Einfahrt anzusehen, die zu dem Haus hinaufführte, wo drei kaltblütige Mörder fünf unschuldigen Menschen und einem ungeborenen Kind das Leben genommen hatten, dachte ich, es wäre mir ganz recht, dass mich keiner kannte, wenn wir erwischt würden. Ich hatte erst ein paar Monate in meinem neuen Job gearbeitet und ich war immer noch dabei, ein Gefühl dafür zu entwickeln, wer Conan war und worin meine Aufgaben bestanden.

Ich hätte nie gedacht, dass dazu auch gehören würde, Orte zu besuchen, an denen berühmte Morde stattgefunden hatten. Wenn das nur schon alles wäre.

Als wir auf einer Dienstreise in Washington, DC, waren, kamen wir auf dem Rückweg zum Hotel am Ford's Theatre vorbei, und Conan ließ das Auto anhalten, um uns zu zeigen, wo Abraham Lincoln ermordet worden war. Er erklärte uns, wo er erschossen worden war, wohin man ihn zu Rettungsmaßnahmen brachte, und sagte uns die genaue Uhrzeit, zu der man Lincoln für tot erklärte. Die Details, die Conan über diesen Mord kennt, stellen jeden Fremdenführer im Ford's Theatre in den Schatten.

Als wir in Dallas eine Woche lang Shows machten, besuchten wir die Dealey Plaza, wo JFK ermordet worden war, sowie das Sixth Floor Museum, das sich an dem Ort befindet, von dem aus Lee Harvey die tödlichen Schüsse abgefeuert hatte, die dem Leben eines vielgeliebten Präsidenten ein Ende setzten. Wir machten natürlich eine Führung mit. Conan hakte oft ein und trug eine Detailinformation bei, die selbst dieser Führer, dessen Job es ist, alles über den Mord zu wissen, nicht kannte.

Als wir in Mexico City waren und Aufnahmen für eine Sondersendung *Conan Without Borders* machten, besuchte Conan das Leo-Trotzki-Museum – ein Museum, in dem sich der Raum befindet, wo ein Mann Leo Trotzki einen Eispickel in den Hinterkopf rammte, was letztlich seinen Tod zur Folge hatte. Trotzki erlag am nächsten Tag seinen Verletzungen, obwohl er den Anschlag überlebt hatte. Conan kaufte dort einen Schlüsselanhänger mit Trotzkis Porträt darauf und er trägt ihn immer noch an seiner Jeansjacke.

Komischerweise gehört das zu den Eigenschaften, die ich an Conan am meisten mag.

Er ist so versiert in Geschichte. Das hat er in Harvard studiert und er hat sich seitdem die Faszination dafür erhalten. Man kann ihn nicht allein über seine Fernsehkarriere definieren. Ich finde, viele Prominente lassen zu, dass das, was sie tun, zu dem wird, was sie sind. Ich habe viele Leute gesehen, die es so genießen, berühmt zu sein, dass sie nicht das Bedürfnis haben, sich darüber hinaus weiterzuentwickeln – über ihre Rolle hinauszuwachsen und Interessen außerhalb der Unterhaltungswelt zu pflegen. Conan ist ebenso aufgeregt, wenn er loszieht, um ein Schlachtfeld aus dem Bürgerkrieg zu erforschen, als wenn er John Lithgow interviewen würde. Naja, das ist vielleicht übertrieben. Conan liebt John Lithgow. Jedenfalls liest Conan permanent über irgendetwas und bildet sich weiter. So bin ich gar nicht. Das ist einer der großen Unterschiede zwischen uns. Geschichte ist schon cool und alles, aber wenn darin keine heißen Sexszenen vorkommen, was soll das Ganze dann? Apropos: Es tut mir leid, dass dieses Buch ebenfalls keine heißen Sexszenen enthält.

Wie auch immer, das Haus, in dem die Manson-Morde passiert waren, wurde 1994 abgerissen und die Adresse geändert, also ist es nicht mehr möglich, die Schritte von Tex Watson, Susan Atkins und Patricia Krenwinkel nachzuvollziehen, indem man auf eine Böschung in der Nähe des Tors klettert. Aber als Conan zurück zu meinem Auto kam, nachdem er den Ort durchstreift hatte, sagte er, er denke, die Auffahrt, wo Steven Parent versucht hatte, das Anwesen zu verlassen, bevor er von

Watson erschossen wurde, sei noch immer da. Er und ich saßen im Auto und reckten die Hälse und nahmen die Straße in uns auf, auf morbide Weise fasziniert davon, was dort 40 Jahre zuvor geschehen war. Es war seltsam, aber es war auch ein Moment, der uns stark miteinander verband.

In den folgenden Jahren kaufte ich Conan Bücher über berühmte Morde zum Geburtstag oder zu Weihnachten und schickte ihm interessante Artikel über neue, grausame Morde, die sich in der Gegenwart ereignet haben. Das ist unser kleines Geheimnis.

2017 machten mein Mann, ein paar Freunde und ich eine Kreuzfahrt nach Alaska. Eines Abends, während wir auf dem Schiff unser Abendessen einnahmen, wurden wir durch eine Nachricht über Lautsprecher unterbrochen, mit der sämtliches Sicherheits- und medizinisches Personal gebeten wurde, sich sofort auf der neunten Ebene des Schiffes einzufinden. Wir waren leicht beunruhigt, aber nicht so sehr, dass wir aufgehört hätten, die obszönen Mengen an Essen zu vertilgen, die man uns aufgetischt hatte. Außerdem stand zu dem Zeitpunkt gerade die Murder-Mystery-Show auf dem Unterhaltungskalender des Schiffes, also war eine der Theorien, die wir für die mysteriöse Durchsage hatten, dass sie irgendwie mit der Show zusammenhing.

Das war es aber nicht.

Am folgenden Morgen sollten wir die schönen Fjorde von Alaska zu sehen bekommen, aber stattdessen befanden wir uns, als wir aufwachten, im Hafen von Juneau. Der Kapitän machte eine Durchsage, um uns am Morgen die schlechte Nachricht über die geänderten Pläne zu überbringen.

»Ladies and Gentlemen, dies ist Ihr Kapitän. Es tut mir leid, Sie informieren zu müssen, dass es letzte Nacht eine interne Störung an Bord gegeben hat. Eine Frau aus Utah ist gestorben. Da wir auf See waren, ist dies eine Angelegenheit für das FBI. Wir werden im Hafen bleiben, solange die Untersuchungen laufen.«

Mord. Auf einem Kreuzfahrtschiff.

Kurz darauf meldete sich der Leiter des Unterhaltungsprogramms der Kreuzfahrt über den Lautsprecher:

»Hallo zusammen, hier spricht Ihr Leiter des Unterhaltungsprogramms. Alle Aktivitäten auf unserem Unterhaltungskalender werden wie geplant weiterlaufen.«

Während ich mir den Weg zum täglichen Nachmittags-Tee des Schiffes bahnte (meine Lieblingsaktivität), dachte ich an den Mann, der von den Ereignissen fasziniert wäre: Conan. Ich saß am Tisch und genoss meine übliche Portion Scones, Mini-Sandwiches und Gebäck und schrieb dabei eine E-Mail an Conan, in der ich den Mord auf dem Kreuzfahrtschiff beschrieb. Ich fühlte mich wie Agatha Christie.

Nach und nach wurden Details über den Mord bekannt und meine Freunde und ich hielten uns mit den Updates auf dem Laufenden, sobald sie auftauchten. Ein Mann und eine Frau aus Utah waren auf der Alaska-Kreuzfahrt, zusammen mit anderen Familienmitgliedern, darunter ihre drei Töchter. Nachdem sie am Abend ausgegangen waren, kamen sie wieder zurück in ihre Kabine, wo die Frau dem Mann sagte, sie wolle sich scheiden lassen. Er drehte durch und schlug sie tot. Jahre später bekannte er sich schuldig und bekam 30 Jahre Gefängnis. Das Ende war unbefriedigend, denn anstatt seine Strafe abzusitzen, wurde der Mann, kurz nachdem sein Antrag auf Berufung abgelehnt worden war, tot in seiner Gefängniszelle aufgefunden. Es wurde keine Todesursache angegeben.

Ich schickte jeden Artikel mit neuen Einzelheiten an Conan, den der Vorfall sowohl faszinierte als auch erschreckte. Ich wollte es mit jemandem besprechen, um irgendeine vernünftige Erklärung für eine so unverzeihliche Tat zu finden. Es war schön, jemanden in meinem Leben zu haben, mit dem ich Theorien aufstellen und auf eine Weise darüber sprechen konnte, die dem Ganzen einen Sinn verlieh, oder zumindest einfach eine Geschichte daraus machte, anstatt eines realen Ereignisses.

Conan macht oft Witze darüber, dass er glaubt, er werde eines Tages ermordet. Wie romantisch wäre es, wenn ich ihn ermorden würde, und 40 Jahre später würden ein Chef und seine Assistentin zu dem Ort fahren, wo der Mord stattfand! Ich habe das Gefühl, das ist die einzige Art, wie unsere Geschichte enden kann. Dies ist mein Geständnis.

## Warum Conan mich nicht feuern kann

Sie fragen sich jetzt vielleicht, warum jemand eine Assistentin, die ein Buch mit dem Titel *Die schlechteste Assistentin der Welt* schreibt, ein Buch, in dem besagte Assistentin fantasiert, diesen jemand irgendwann zu ermorden, warum jemand also besagte Assistentin weiter beschäftigen sollte. Ganz einfach – man muss sich unverzichtbar machen. Und zwar nicht unverzichtbar in dem Sinn, dass man für die alltäglichen Aufgaben im Büro unverzichtbar ist – ich meine unverzichtbar auf eine Weise, dass es Ihrem Chef Angst machen würde, wenn er je beschließen sollte, Sie zu feuern. Conan gab mir einen kleinen Einblick in seine Welt und ich nahm diese Informationen und machte mich unverzichtbar. Dies sind nun die Gründe, aus denen Conan nie in der Lage wäre, mich zu feuern – Sie können sich diese Taktiken gerne selbst aneignen und sie an Ihrem Arbeitsplatz einsetzen.

1. Wenn Sie Zugriff auf finanzielle und/oder private Informationen haben, behalten Sie sie heimlich im Kopf. Ich habe Conans Sozialversicherungsnummer auswendig gelernt, seine Führerscheinnummer und sämtliche Nummern seiner wichtigsten Kreditkarten. Natürlich würde ich nie seine Kreditwürdigkeit ruinieren oder ihm etwas stehlen, wenn ich je gefeuert würde, aber die *Möglichkeit*, dass ich es könnte, reicht schon aus, um ihm Angst zu machen.

2. Im Lauf der Jahre habe ich Conan größtenteils mein wahres Ich gezeigt. Ich bin mit seiner Familie und seinen Freunden sehr vertraut geworden. Wenn Conan mich bittet, etwas zu tun, kann es schon mal durch die Spalten rutschen … und diese Spalten sind riesig, quasi Sankt-Andreas-Graben-Spalten. Wenn seine Familie oder seine Freunde mich um einen Gefallen bitten, kümmere ich mich schnell und effizient darum. Mein Plan ist, dass jeder Mensch, der für Conan wichtig ist, glaubt, ich sei eigentlich gut in meinem Job. Die Absicht dahinter ist, dass jeder, wenn er mich jemals feuern sollte, glauben würde, er sei verrückt. »Die ist so spitzenmäßig«, würden sie sagen. »Warum sollte man jemanden, der so hart arbeitet, jemals wegschicken?«, würden sie fragen. Ich werde vielleicht gefeuert, aber dann würde er als verrückt angesehen. Viele seiner Freunde arbeiten in der Unterhaltungsbranche, also würde eine einfache E-Mail an einige von ihnen, in der ich unschuldig tue, ausreichen, um ihn unangemessen aussehen zu lassen und mir einen anderen Job zu verschaffen.

3. Conan ist etwas ungeschickt mit Technik. Im Lauf der Jahre habe ich es jedes Mal für ihn erledigt, wenn er eine App herunterladen oder irgendwo einen Account eröffnen musste. Aufgrund meiner Position musste ich immer Zugriff auf seinen E-Mail-Account und andere Accounts haben. Folgendes würde ich also mit den Informationen tun, die ich habe:
   - E-Mail: Ich würde eine E-Mail nach außerhalb des Büros senden, in einem komplett unangemessenem Ton, dann würde ich sein Passwort ändern, sodass er es nicht sofort richtigstellen kann. Dann würde ich an alle seine Kontakte schreiben und ihnen irgendetwas Furchtbares sagen, womit ich seine Beziehungen aufs Spiel setzen würde.
   - iTunes: Ich würde alle möglichen Arten von Porno auf seine Geräte herunterladen. Dann sein Passwort ändern.

- Tesla: Ich würde sein Auto aus der Ferne steuern. Dann sein Passwort ändern.
- Ich bin kein Monster. Ich würde nichts davon jemals tun, aber noch mal: Die Möglichkeit, dass ich es könnte, besteht einfach. Und für den Fall, dass er daran noch nie gedacht hat, ist dieser Abschnitt in diesem Buch für ihn eine Erinnerung daran, dass ich es könnte.

4. Sie fragen sich jetzt vielleicht, ob er seine Passwörter einfach wiederbekommen könnte, indem er sein E-Mail-Konto verwendet. Viele seiner Online-Accounts und Apps haben meine E-Mail-Adresse als Passwort-Sicherheit. Selbst sein Handy läuft unter meinem Namen. Was das Internet betrifft, existiert Conan nicht einmal.

5. Conan hat sich in vielen E-Mails über mich lustig gemacht. Ich habe sie alle gesammelt für unseren zukünftigen Gerichtsprozess, der mir unabwendbar erscheint. Hier einige Beispiele (sie sind alle zu 100 Prozent echt).

Diese erste E-Mail ist von Conan an seine gute Freundin Lynette. Wir waren eine Woche in New York, um Shows aufzunehmen, und sie hatte ihm gemailt, um ihn zu bitten, zu einem der Drehs zu kommen. Dies war seine Antwort (ein gutes Beispiel für die positive Verstärkung, die von ihm ausgeht).

**Von**: Conan O'Brien
**Gesendet**: Dienstag, 18. Oktober 2016
**An**: Lynette C
**CC**: Sona Movsesian
**Betreff**: COB in NYC
Ich bin in der ersten Novemberwoche dort – unsere erste Show ist an Halloween. Ich weiß noch nicht genau meinen Zeitplan, aber komm auf jeden Fall zu

einer Show, und dann werden wir sicher zusammenkommen. Sona wird sich um alles kümmern - sie ist fast schon wie eine Assistentin. Hahahahahahahahahahahah 😈

Die folgende E-Mail ist ein gutes Beispiel für den Blödsinn, den mir Conan von Zeit zu Zeit schickt. Ich habe schon oft im Scherz gesagt, dass 90 Prozent von dem, was er mir erzählt, kompletter, reiner Blödsinn sind. Das ist aber nur die Spitze des Eisbergs.

**Von**: Conan O'Brien
**Gesendet**: Donnerstag, 16. August 2018
**An**: Sona Movsesian
**Betreff**: Zeitplan
Gerade gelandet. Könntest du zu mir nach Hause kommen und mir einen Corncob-Burrito machen?

**Am 16. August 2018 schrieb Sona Movsesian**:
Ich kann Kim anrufen und sie bitten, ein La Croix (*Mineralwasser, Anm. d. Übers.*) mit ein paar Mandeln auf den Tresen zu stellen.

**Am 16. August 2018 schrieb C. O'Brien:**
Kein Witz. Komm her und bring mir einen Zwiebel-Mojito, eine Augenklappe aus getrockneter Aprikose und ein Porträt von Margaret Thatcher.

Hier ein weiteres Beispiel für die positive Verstärkung, die mich in meinem Job hält. Zu Conans Verteidigung muss ich sagen, ich habe wie ein Arschloch geantwortet.

**Von**: Conan O'Brien
**Gesendet**: Mittwoch, 31. Dezember 2014
**An**: Sona Movsesian
**Betreff**: Frage
Ich bin heute zweimal im NYTimes-Kreuzworträtsel.

**Am 31. Dezember 2014 schrieb Sona Movsesian**:
Ich bin überrascht, dass du nicht gefragt hast, wieso sie dich nicht dreimal gebracht haben.

**Am 31. Dezember 2014 schrieb Conan O'Brien:**
Welches Wort mit fünf Buchstaben fängt mit A an, hört mit LOCH auf und bedeutet »Conans Assistentin«?

Im folgenden E-Mail-Dialog hatte er mich gebeten, ihm etwas zu besorgen, und es dauerte länger als erwartet, es zu bekommen. Wir haben hier beide einen scharfen Tonfall. Das ist bei uns ganz normal.

**Von:** Conan O'Brien
**Gesendet**: Mittwoch, 6. Februar 2015
**An**: Sona Movsesian
**Betreff**: Die Matte
Jedes Mal, wenn ich John treffe, fragt er mich, ob die Matte, die du bestellt hast, schon da ist.
Jedes Mal sagte ich, soweit ich weiß, nein. Heute sagte er, er hat dir eine E-Mail geschrieben und keine Antwort bekommen. Ich habe ihm gesagt, du rauchst eine Menge Gras, und er hat gelacht. Es war lustig.
Wo bleibt diese Matte?

**Am 6. Februar 2015 schrieb Sona Movsesian:**
Bitte erzähl allen, dass ich Gras rauche. Es ist toll, wenn Fremde so etwas über mich wissen.

**Am 6. Februar 2015 schrieb C. O'Brien:**
Er hat gelacht, weil er dachte, ich mache Witze. Die Leute nehmen mich nicht ernst, wenn ich sage, dass meine Assistentin bei der Arbeit Gras raucht und *The Bachelor* ansieht. Sei also ganz beruhigt.

Diese nächste E-Mail war eine Antwort auf nicht eine, nicht zwei, sondern drei verschiedene E-Mails, die ich an alle Kontakte von Conan verschickte und sie über seine neue Telefonnummer informierte. Bei der ersten E-Mail hatte ich versehentlich seine alte Nummer angegeben. Bei der zweiten E-Mail verwendete ich die falsche Vorwahl und bei der dritten bekam ich es endlich richtig hin. Dies war Conans Antwort auf eine der Antworten auf das Wirrwarr an E-Mails, das ich gesendet hatte.

**Von**: Conan O'Brien
**Gesendet**: Dienstag, 23. Juni 2015
**An**: L. Mendoza
**Betreff**: Re: Telefonnummer
Du verstehst das nicht, Larry. Ich habe ihr vor zwei Jahren Englisch beigebracht. Sie glaubt immer noch, das Bürotelefon ist der Wachhund des Teufels. Wenn es regnet, isst sie Knoblauch und tanzt im Parkhaus im Kreis.

Dies ist noch einer von unseren blödsinnigen E-Mail-Dialogen:

**Von**: Conan O'Brien
**Gesendet**: Mittwoch, 1. April 2015

**An**: Sona Movsesian
**Betreff**: Heute
Da es heute zwei Drehs sind, wäre es nicht möglich, dass ich ein bisschen später komme? Vielleicht kannst du mir die Notizen e-mailen, wenn du sie hast?

**Am 1. April 2015 schrieb Sona Movsesian**:
Sicher. Du kannst kommen, wann du willst. Ich werde mir von den Produzenten die Notizen mailen lassen und leite sie dir weiter.

**Am 1. April 2015 schrieb C. O'Brien:**
Hervorragend. Ich komme dann um fünf.

**Am 1. April 2015 schrieb Sona Movsesian:**
Ähm, warte mal. Ähm, du musst doch schon vorher da sein.

**Am 1. April 2015 schrieb C. O'Brien:**
Scheiße.

Am nächsten E-Mail-Dialog ist eigentlich gar nichts falsch. Er beleuchtet nur wieder mal, wie unterschiedlich Conan und ich sind. (Wir haben Jahre nach diesem Dialog Außenaufnahmen gemacht, bei denen Conan sich meinen Freunden und mir zu einer Mitternachtsvorstellung von *Magic Mike XXL* anschließt.)

**Von:** Sona Movsesian
**Gesendet:** Freitag, 13. September 2012
**An:** Conan O'Brien
**Betreff:** Lincoln
Der Trailer für den Film über Lincoln mit Daniel Day Lewis: http://www.youtube.com/watch?v=qiSAbAuLhqs

**Am 13. September 2012 schrieb C. O'Brien:**
Danke. Kann es gar nicht erwarten, es zu sehen. Das ist mein »Magic Mike«.

Hier ist ein Dialog, in dem Conan wieder einmal auf seine nette Art offenbart, was für eine wertvolle Mitarbeiterin ich bin.

**Von**: Sona Movsesian
**Gesendet**: Donnerstag, 16. Oktober 2014
**An**: Conan O'Brien
**Betreff**: Schau dir mal diese Bikes an.
Die sind mega, aber wenn du sie im Verkehr von LA fährst, bringen sie dich um.

**Am 16. Oktober 2014 schrieb C. O'Brien**:
Jap. Das könnte meine Todesursache sein.

**Am 16. Oktober 2014 schrieb Sona Movsesian**:
Mach das nicht bitte. Mich würde keiner einstellen.

**Am 16. Oktober 2014 schrieb C. O'Brien:**
Wenigstens sind wir einmal einer Meinung.

Ja, viel von diesem E-Mail-Schriftverkehr weist auf beiden Seiten einen Mangel an Professionalität auf, aber er ist schließlich mein Chef, das kann man also ihm anlasten, oder? Wer bestimmt denn, wie professionell der Tonfall am Arbeitsplatz ist, wenn nicht der Chef? Jedenfalls würde ich niemals seine Kreditwürdigkeit ruinieren, ihm etwas stehlen oder ihn verklagen, indem ich diese E-Mails als Beweismittel verwende, aber die Möglichkeit, dass ich das könnte, hängt immer irgendwie in der Luft. Die Möglichkeit, dass ich ausflippe und sein Auto aus der Ferne kontrolliere, ohne dass er es weiß, ist nicht nur lustig, sondern auch beängstigend.

Ich bin sicher, eines Tages findet er eine Möglichkeit, mich aus seinem Leben zu entfernen, aber bis dahin sitze ich an meinem Schreibtisch und sehe mir Filme an.

# TEIL VIER

*Sona sitzt an ihrem Schreibtisch und spielt mit einem Spielzeug-Kack-Rentier, das ihr ihr Freund Bill von der Requisite geschenkt hat. Man steckt braune Jelly Beans hinein, bewegt seinen Schwanz und dann »kackt« es die braunen Jelly Beans. Sona ist niedergeschlagen. Sie hat keine Ahnung, wie sie Conan beibringen soll, dass sie den größten Teil des Tages entweder mit Essen oder damit verbracht hat, ihrer Freundin am Telefon Szenen aus dem britischen Königshaus vorzuspielen, und einfach total vergessen hat, worum er sie gebeten hatte. Eine Praktikantin bringt die Post herein und Sona spricht sie an.*

**SONA**: Kennst du irgendwen im Verlagswesen?

**EINE PRAKTIKANTIN**: Was?

**SONA**: Verlagswesen. Ist deine Mutter oder dein Vater mit jemandem befreundet, der im Verlagswesen arbeitet?

**EINE PRAKTIKANTIN**: Äh ... hm ... Mein Onkel liest viel. Hilft das irgendwie?

**SONA**: Nein. Aber es ist gut, dass er liest.

**EINE PRAKTIKANTIN**: Ja. Brauchen Sie sonst noch etwas?

**SONA**: Nein, danke.

*Die Praktikantin schwirrt verwirrt ab. Sona fängt an, die Post durchzusehen – vielleicht wird Fanpost Conan ablenken? Das ist es – sie wird sein Ego streicheln, sodass er zu beschäftigt ist, um zu bemerken, dass sie nicht bekommen hat, was er gebraucht hätte.*
*Der erste Brief ist von einem Mann auf Rhode Island.*

Lieber Conan,
ich habe einen deiner Sketche auf YouTube über »gravy boat lighthouses« gesehen. Du solltest nur wissen, dass ich tatsächlich auf einem Leuchtturm arbeite, und daran ist gar nichts, worüber man sich lustig machen kann. Nur weil Soße in einem »Soßenboot« serviert wird, heißt das noch nicht, dass diese auch einen Leuchtturm brauchen. Leute wie du ruinieren das Image von hart arbeitenden Menschen wie mir, die ihre Lebensaufgabe darin sehen, sicherzustellen, dass Schiffe wissen, wohin sie fahren. Fuck you.*
*Okay, kein guter Start.*

---

* Anm. d. Übers.: »Gravy boat« ist das englische Wort für Sauciere, und »lighthouse« heißt Leuchtturm. Conan machte Witze darüber, ob »Soßenboote« auch »Soßenboot-Leuchttürme« brauchen.

*Der zweite Brief ist von einer Frau aus Nebraska. Ah, aus dem Herzen des Landes.*

Hallo Conan,
ich bin Englischlehrerin auf der Junior Highschool in Norfolk, Nebraska. Ich habe am Dienstag Ihren Monolog angesehen und bemerkt, dass Sie fälschlicherweise das Wort »who« verwendet haben, wo Sie das Wort »whom« hätten verwenden sollen. Hier zu Ihrer Erinnerung ein Auszug aus der Website *Grammarly*:
»Whom« sollte für das Objekt eines Verbs oder einer Präposition verwendet werden. Wenn Sie nicht sicher sind, versuchen Sie diesen einfachen Trick: Wenn man das Wort mit »he« oder »she« ersetzen kann, verwenden Sie »who«. Wenn man es durch »him« oder »her« ersetzen kann, verwenden Sie »whom«.
»Who« wird für das Subjekt eines Satzes verwendet.
»Whom« wird für das Objekt eines Verbs oder einer Präposition verwendet.
Ich hatte gehofft, jemand, der einen Harvard-Abschluss besitzt, würde den Unterschied kennen, aber ich kann mir vorstellen, dass Sie nicht der Einzige sind, der Ihre Monolog-Witze schreibt.
Ich wünsche Ihnen noch einen schönen Tag,
Eine Mittelschul-Englischlehrerin

*Ist das die Regel für »whom« oder »who«? Sona fühlt sich wie ein Idiot, wenn sie an all die Male denkt, in denen sie das Wort »whom« verwendet hat, um mit ihrer gewählten Ausdrucksweise anzugeben.*

KONZENTRIER DICH!

*Es sind noch ein paar weitere Briefe da, aber keiner ist blumig genug, um von dem Schlamassel abzulenken, das Sona aus dem heutigen Tag gemacht hat. Conan wartet auf sein Buch und er wird sich sowas von bestätigt fühlen, wenn Sona kleinlaut zu ihm ins Büro schleicht, um ihm zu sagen, dass es nicht nur kein Buch gibt, das unterwegs ist, sondern dass sie auch noch den größten Teil des Tages vertrödelt und total vergessen hat, was er eigentlich von ihr wollte.*

*Während Sona die Fanpost von ihrem Schreibtisch räumt, bemerkt sie ein Paket. Sie sieht auf den Adressaufkleber und dort steht »Caro« zusammen mit einer Absenderadresse in New York. Ihr bleibt das Herz stehen. Sie reißt das Paket auf und da ist es – der Vorabdruck von Robert Caros Buch VON ROBERT CARO SELBST. Auf der beigelegten Notiz steht:*

Conan,
da du so ein großer Fan bist, dachte ich, du hättest bestimmt gerne einen Vorabdruck von meinem Buch.
Pass auf dich auf,
Robert

*Sona sitzt da und empfindet ... Triumph? Nein. Das ist es nicht. Dass sie Glück hatte? Nein, das auch nicht. Bestätigung? Was? Wieso Bestätigung? Das ist es absolut nicht. Sie ist einfach nur ... froh.*

*Sie nimmt die Notiz und das Buch und legt sie auf Conans Schreibtisch.*

*Kurz darauf kommt der von der Aufnahme der Show zurück und geht geradewegs in sein Büro. Sona sitzt da und wappnet sich schon mal, dann hört sie, wie er laut sagt: »WAS?!«*

*Conan kommt aus seinem Büro und fragt Sona, wie sie das geschafft hätte, dass sie Robert Caro direkt kontaktiert hätte, und dass er am selben Tag noch einen Vorabdruck des unveröffentlichten Buches mit einer Notiz geschickt hätte?*

*Dies ist einer jener Momente, in denen Sona sich entweder in dem unverdienten Lob sonnen oder mit der Wahrheit herausrücken kann.*

**SONA**: Ich hab dir doch gesagt, ich bin gut in dem, was ich tue, und die Leute mögen mich.

Sie sagt das ohne jedes Schuldbewusstsein.

**CONAN**: Ich muss mich bei dir entschuldigen – ich dachte wirklich einen Moment lang, du hättest vergessen, worum ich dich gebeten habe, und jetzt bin ich total beeindruckt, dass du das geschafft hast.

**SONA**: Gerne doch. Ist ja schließlich mein Job.

*Sie sagt das mit null schlechtem Gewissen, wie eine Soziopathin.*

*Conan geht wieder und Sona sitzt da. Ein Arschloch ohne Gewissen.*

*Nur dass es so nicht war. In den vielen Jahren, in denen Sona für Conan gearbeitet hat, fand sie es immer sehr schwierig, ihn anzulügen. Also, was wirklich passierte, war Folgendes:*

*Conan kommt aus seinem Büro und fragt Sona, wie sie das geschafft hat. Dies ist einer jener Momente, in denen Sona sich entweder in dem unverdienten Lob sonnen oder mit der Wahrheit herausrücken kann.*

**SONA**: Hab ich nicht. Er hat dir schon von sich aus einen Vorabdruck geschickt und der kam heute an. Als ich vorher sagte, dass es unterwegs sei, habe ich gelogen. Ich hatte vergessen, worum du mich gebeten hattest, und ich wollte dich nicht noch mal fragen, weil ich fand, du bist so darauf herumgeritten, dass ich die Sachen immer vergesse, wenn du mich um etwas bittest, also dachte ich, es wird mir irgendwann schon wieder einfallen, aber als ich mich schließlich dran erinnert habe, war es schon zu spät, und ich saß total fertig an meinem Schreibtisch. Da kam die Post rein und Robert Caro hat dir das Buch geschickt. Ich hab nichts gemacht, außer es auszupacken und auf deinen Schreibtisch zu legen und dann hier zu sitzen, in der Hoffnung, dass du mich nichts weiter darüber fragst.

*Conan steht da und nickt. Er liebt so etwas. Was für ein Arsch.*

**CONAN**: Was hast du denn dann den ganzen Tag gemacht?

**SONA**: Ich hab ein bisschen ferngesehen, dann Erica besucht, und sie dann angerufen und meine Queen-Elizabeth-und-Prince-Philip-Nummer gespielt, und dann war ich ganz oft in der Küche und hab was gegessen.

**CONAN**: Hört sich nach einem produktiven Tag an.

**SONA**: Hör schon auf damit.

**CONAN**: Nein, echt jetzt, es hört sich an, als hättest du wirklich viel geschafft.

**SONA**: Ja, okay. Jetzt kommst du mir wieder auf die passiv-aggressive Tour. Sehr cool.

**CONAN**: Nein, gar nicht. Es macht sehr viel Arbeit, die Sachen zu erledigen, die du gemacht hast, und ich habe so ein Glück, dass ich so eine produktive Assistentin habe.

**SONA:** Vielleicht könntest du auch eine Arbeitsatmosphäre schaffen, in der ich dich noch mal fragen könnte, was du brauchst, ohne dass ich fürchten muss, du machst dich wieder drüber lustig.

**CONAN:** Du hast recht. Ich sollte von dir nicht erwarten, dass du dir Sachen aufschreibst, so wie jede andere Assistentin auf der Welt auch.

*Dieses Hickhack geht immer so weiter. Manchmal kommen Leute herein, um mit Conan zu reden, aber dann rollen sie die Augen und gehen sofort wieder, sobald sie merken, was hier gerade los ist. Das passiert oft.*

# STRESS

ICH BIN NICHT DER TYP, DER LEICHT GESTRESST IST – das war ich noch nie. In der sechsten Klasse sagte meine Lehrerin Mrs. Hackett einmal: »Es gibt eine Lösung für jedes Problem«, und aus irgendeinem Grund hat sich das in mir so intensiv festgesetzt, dass, wann immer ein Problem auftaucht, das Stress verursachen könnte, es an mir abperlt. Es gibt irgendwo eine Lösung. Vielleicht findet sie jemand.

Aber manchmal perlt es auch einmal zu viel an mir ab.

Während ich kaum je Stress habe, liegt es in Conans DNA, dass ihm beim geringsten Anlass der Schweiß ausbricht. Ich schüttle alles ab, aber ihm ist es wichtig, dass alles korrekt erledigt wird. Ich finde, das Leben ist zu kurz, um sich um banale Details zu kümmern, warum sich also davon stressen lassen? Er hingegen feiert die Kleinigkeiten.

Das einzige Problem ist, dass mein kompletter Job darauf beruht, auf die banalen Details zu achten.

Wenn Conan auf eine Veranstaltung geht und ich nicht auf die Details achte, irrt er ziellos herum und hat keine Ahnung, was er anziehen soll, oder wo er wann sein muss. Kein Auto wird da sein, um ihn abzuholen, und sein Gepäck wird in einer anderen Stadt landen. Ich versuche, darauf zu achten, dass ich ihn in so einer Situation nie allein lasse.

Bei einem der größten Streits, die Conan und ich je hatten, ging es um ein Accessoire für sein neues Auto. Er hatte sich ein Auto gekauft, und man sagte ihm, dieses eine Accessoire wäre erst später in dem Jahr verfügbar. Monate später traf er zufällig einen Freund, der sich das gleiche Auto gekauft hatte, und das Accessoire schon hatte. Conan fragte mich, was damit sei, und warum wir nie darüber benachrichtigt worden waren, und warum ich an solchen Dingen nie dranbleibe.

Es folgten Ausreden und es wuchs sich zu einem Riesenstreit aus. Natürlich war er nicht sauer, dass er das Accessoire nicht hatte – er war sauer, dass es mir egal war, dass es jetzt verfügbar war, und dass ich darüber nicht informiert war. Um noch Öl ins Feuer zu gießen, spielte ich es runter, indem ich ihm ziemlich flapsig sagte, es sei ja schließlich nur ein Accessoire, und dass er nicht so einen großen Wirbel darum machen solle. Ich hätte mich einfach nur entschuldigen sollen, aber so steckten wir mitten in einem Streit über etwas Kleines, das stellvertretend für ein größeres Problem stand.

Das ist das Problem an meinem Mangel an Stressfähigkeit – es ist unvermeidlich, dass dabei etwas auf der Strecke bleibt. Und das ist der Punkt, an dem Conan und ich aneinandergeraten. Früher habe ich es einfach abgeschüttelt oder ein halbherziges »Sorry« gemurmelt. Ich weiß, er will, dass es mir *wichtiger* ist, und ich weiß genau, es würde alles zwischen uns so viel leichter machen, aber ICH KANN EINFACH NICHT.

Es gab Zeiten, als ich noch jünger war, in denen ich schlaflose Nächte hatte, weil ich etwas nicht erledigt hatte, oder es mir nicht gelungen war, eine Aufgabe korrekt auszuführen. Aber dann wurde ich erwachsen. Ich erkannte, dass Erwachsene Fehler machen, und solange wir diese Fehler zugeben und dann weitermachen, sehe ich nicht, wem das schaden sollte.

Also lasse ich mich nicht stressen. Ich atme, setze Grenzen, und lebe mein Leben. Vielleicht denken Sie jetzt: »Sona, Gott sei Dank bist du keine Chirurgin oder Pilotin.« Und Sie haben recht. Dann würden Menschen sterben.

## Ein normaler Tag

Sie fragen sich vielleicht, wie ein normaler Tag bei mir aussieht. Ich freue mich, Ihnen nun einen genauen Ablauf eines normalen Tages einer persönlichen Assistentin eines Prominenten geben zu können. Echt glamourös!

**10:00 Uhr:** Du kommst an.

**10:05 Uhr:** Du gehst in die Küche und machst dir eine schöne Tasse offenen Tee und entweder eine Schüssel Haferflocken oder einen Bagel mit Frischkäse. Egal, wer in der Küche ist, du gesellst dich dazu.

**10:30 Uhr:** Du gehst zurück zu deinem Schreibtisch und nimmst dir Zeit, um den Tee und die Haferflocken oder den Bagel so richtig zu genießen.

**10:45 Uhr:** Du schreibst ein paar Freunden eine E-Mail mit der Betreffzeile »Was gibt's zu Mittag?«

**10:45 bis 11:45 Uhr:** Du diskutierst darüber, von wo man das Mittagessen holt.

**11:15 Uhr:** Du bestellst Mittagessen.

**11:20 Uhr:** Du suchst jemanden, der das Mittagessen holt.

**11:25 Uhr:** Du gibst dem Praktikanten genaue Anweisungen, welche Soßen er zu besagtem Mittagessen bringen soll.

**11:30 Uhr:** Du richtest eine Parkberechtigung für besagten Praktikanten ein, damit du nicht aufs Essen warten musst, sobald es hier ist.

*Irgendwann ist Conan ins Büro gekommen, auch wenn es nicht ganz klar ist, wann oder vor wie langer Zeit das war. Vielleicht war er die ganze Zeit schon hier.*

**11:35 Uhr:** Du meldest dich bei Conan. Er fragt, was bisher passiert ist, und du sagst, es war ein ziemlich ruhiger Vormittag.

**12:00 Uhr:** Du druckst das Kreuzworträtsel und das Sudoku des Tages aus. Du druckst die einfache, mittelschwere und die schwere Version des Sudoku aus, und wenn du sie alle fertig hast, erzählst du den anderen, dass du die »Trifecta« geschafft hast.

**12:15 Uhr:** Ein Produktionsassistent (PA) bringt die Monolog-Witze auf deinen Schreibtisch. Du lässt sie liegen, denn du misst die Zeit, während du das einfache Sudoku machst, und du kannst dich nicht durch jede Kleinigkeit rausbringen lassen.

**12:18 Uhr:** Du bist mit dem einfachen Sudoku fertig. Jeder halbwegs ehrgeizige Spieler braucht weniger als drei Minuten, um die einfache Version fertig zu bekommen. Du fängst mit der mittelschweren und der schweren Version an, und wenn du sie alle fertig hast, nennst du es die Trifecta.

**12:30 Uhr:** Mittagessen ist da.

**12:45 Uhr:** Während du isst, siehst du, dass die Monolog-Witze noch immer auf deinem Schreibtisch liegen. Du bringst sie sofort in Conans Büro und gibst sie ihm. Die kommen aber spät, sagt er. Du schiebst es auf die Autoren.

**13:00 Uhr:** Conan wird zur Probe gerufen.

**13:05 Uhr:** Zeit, um etwas Gemeinschaft zu pflegen. Du besuchst die Bürowürfel und gesellst dich zu Freunden. Ihr redet darüber, was jeder zu Mittag hatte. Ihr vergleicht die Notizen.

**14:00 Uhr:** Du gehst wieder zurück zu deinem Schreibtisch und beantwortest endlich ein paar E-Mails.

**14:30 Uhr:** Dir wird langweilig und du gehst in die Küche, um dir etwas zum Knabbern zu suchen. Du stehst eine Zeitlang vor dem Knabberzeug und überlegst, was du essen sollst.

**14:50 Uhr:** Du unternimmst einen wohlverdienten Spaziergang draußen, um dich zu entspannen.

**15:15 Uhr:** Du triffst zufällig eine Freundin, die für eine Show auf einer Soundstage in der Nähe arbeitet. Du nimmst zum Spaß das Golf Cart, um zurückzukommen, und gehst wieder ins Büro.

**15:30 Uhr:** Du gehst in Conans Garderobe zu einem Preshow-Meeting mit Andy, Jeff Ross und den Autoren.

**16:30:** Showtime. Du siehst vom Green Room aus oder von deinem Schreibtisch aus zu, während du das Kreuzworträtsel machst.

**17:00 Uhr:** Die Show ist zu Ende.

**17.30 Uhr:** Nach dem Postshow-Meeting kommt Conan zurück nach oben und fragt, ob es irgendwelche Nachrichten gegeben hat. Du sagst nein, aber du siehst, dass das rote Lämpchen auf deinem Telefon blinkt. Du hoffst, dass er es nicht sieht. Dir wird klar, dass du den ganzen Tag nichts Wirkliches gearbeitet hast. Du gibst dein Bestes, um ihn zu überzeugen, dass es einfach nur ein normaler Tag war, an dem nichts Aufregendes passiert ist, und du hoffst, du hast recht damit. Er geht in sein Büro. Du checkst deine E-Mails, um sicherzugehen, dass es keine größeren Probleme oder Vorfälle oder wichtige Nachrichten gegeben hat. Meistens gibt es keine. Du hast es geschafft. Du hast es geschafft, nichts irgendwie Substanzielles zu tun, und du bist damit durchgekommen, weil du offensichtlich keine Moral hast. Du hast es geschafft, dass alle um dich herum ihre Erwartungen so weit heruntergeschraubt haben, dass sie, wenn sie dir eine E-Mail senden und mehrere Stunden keine Antwort bekommen, nicht mal mit der Wimper zucken. Du hast außerdem viel zu viel gegessen und du sagst dir, dass du ab morgen aufhören wirst, so viel Knabberzeug zu essen, und dir vielleicht sogar selbst Essen mit ins Büro nimmst. Dir wird klar, dass du das nicht tun wirst, und du hasst dich selbst, weil du so wenig Willenskraft hast.

**18:00 Uhr:** Du gehst nach Hause.

## Danny + Jennifer Aniston

Niemand hat mich besser auf meinen Job vorbereitet als mein Bruder Danny. Ich durchlief ein 26-jähriges Training, um vorbereitet zu sein auf blöde Sprüche von der Seite, lächerlich gemacht zu werden und alles andere, was ein Bruder so tut, um seine kleine Schwester zu quälen.

Wenn ich mich auf die Couch legte, nahm er oft ein Kissen, legte es auf meinen Kopf und setzte sich drauf, bis mein Bet-

# DER DURCHSCHNITTLICHE ARBEITSTAG

teln, dass er aufstehen solle, schon ganz matt klang. Als wir auf der Highschool waren, war Danny Defensive Lineman im Football-Team unserer Schule. Wenn ich irgendwo vor dem Haus herumstand und nicht aufpasste, verfiel er wieder in seinen Football-Modus, rannte mich um und stieß mich zu Boden. Stieß mich buchstäblich zu Boden. Manchmal stelle ich mir vor, dass ich dazu beigetragen habe, dass das Team in dieser Saison ungeschlagen blieb. Wenn wir im Auto saßen und ich darum flehte, dass Danny meinen Arm in Ruhe ließ, hielt er seine Hand zwei Zentimeter weg und sagte: »Ich berühre dich nicht«, bis es mich komplett wahnsinnig machte. Nachdem wir *The Shawshank Redemption* angesehen hatten, nannte er mich Alexander, was so viel hieß wie Dumpfbacke, weil einer der Darsteller in dem Film Alexandre Dumas' Nachnamen fälschlich »Dumbass« (*Dumpfbacke, Anm. d. Übers.*) aussprach. Es war Dannys Code, um mich etwas zu nennen, von dem er wusste, dass meine Eltern nicht damit einverstanden sein würden. Wenn ich mich bei meinen Eltern beschwerte und forderte, dass sie ihn bestraften, lächelten sie immer und sagten: »Das ist seine Art, dir zu zeigen, dass er dich liebt.« Mitschuldig durch Beihilfe.

Conan und ich haben eine ähnliche Dynamik. Er ist eher ein Erzfeind als ein Chef. Es ist uns beiden wichtig, dass wir in einem Gespräch das letzte Wort haben. Im Podcast gab es Situationen, in denen wir gestritten haben, und unser blödsinniges Beharren auf dem letzten Wort sich bis in die Aufnahme fortsetzt. Eine Zeitlang waren wir besessen davon, Fangen zu spielen. Es gab Situationen, in denen sich Conan vor der Show im Bad einsperrte, damit ich ihn nicht kriegen konnte. Wir hatten eine Fünf-Minuten-Regel – wenn ich ihn fünf Minuten lang nicht erwischte, hatte er gewonnen. Die pure Idiotie. All die Zeit, die wir verschwendeten. Die Frustration, die ich empfand, und noch immer empfinde, wenn ich erzähle, was wir immer machten. Es war die absolute Definition von Idiotie, zu einer Show-Legende direkt vor dem Durchlauf seines Monologs zu sagen: »Ich hab dich zuletzt berührt!«, damit er keine Zeit hatte, mich zu jagen und mich in den Arm zu boxen. Aber die Male, in denen ich gewann, machten mich stärker, ganz ähnlich wie damals, wenn ich Danny besiegte.

Mein Bruder und ich hätten gar nicht unterschiedlicher sein können. Ich war in einer Gruppe aus ganz unterschiedlichen Freunden an der Highschool – ein Kreis, den man schwer in einem Bild zusammenbekommen würde: Theaterbegeisterte, eine frühere Cheerleaderin und andere unterschiedliche junge Männer und Frauen, die nicht übermäßig beliebt, aber auch nicht ausgegrenzt waren. Eine Freundin von mir hat die Theorie, dass Menschen die Highschool entweder hassten oder es die beste Zeit ihres Lebens war. Ich habe ihr gesagt, dass für meine Freunde und mich die Highschool irgendwo in der Mitte war – diese vier Jahre waren schön, seltsam und überhaupt nichts, worüber wir uns definieren würden. Ich war eine sehr mittelmäßige Schülerin. Ich hatte 1080 Punkte beim SAT-Test*, und ich weiß noch, dass zu der Zeit der Durchschnitt bei 1000 lag. Ich machte ihn noch ein zweites Mal und erhielt genau dasselbe Ergebnis. Ich bekam ein paar As, am meisten Bs und ein paar Cs. Erst als ich am College war, strengte ich mich wirklich an und wollte unbedingt gute Noten schreiben. Ich war entschlossen, zu zeigen, dass ich, auch wenn mein Übertrittszeugnis durchschnittlich war, sehr viel mehr konnte. Auch wenn ich an der Highschool als mittelmäßige Schülerin gestartet war, wurde ich nun strebsam und nahm an Aktivitäten teil, die nicht Teil des Lehrplans waren, um mir einen Lebenslauf zu verschaffen, der mich von den anderen abhob.

Danny war total anders. Als er aufs College ging, schloss er sich einer Studentenverbindung an und machte sich kei-

---

* Anm. d. Übers.: Der SAT (Scholastic Assessment Test) ist ein standardisierter Test, der hauptsächlich von Studienplatzbewerbern an amerikanischen Universitäten gefordert wird.

nen Stress mit seinen Noten, so wie ich. Er wusste schon als Kind, was er werden wollte, was komisch ist, denn er wollte im Finanzwesen arbeiten. Es gibt ein Foto von meiner Familie, als ich ein Kind war – meine Mutter, Vater, Großmutter, Großvater, Urgroßmutter, Danny und ich, alle in unserem Wohnzimmer an einem dem Anschein nach ganz normalen Tag. Wir tragen alle Alltagskleidung, außer mein Bruder, der einen Anzug trägt und mit stoischem Gesicht eine prominente Position auf dem Foto einnimmt. Er kann nicht älter als zehn Jahre gewesen sein.

Von Jugend an war es sein Traum, einen Job im Finanzwesen zu haben, also arbeitete er daran. Dank seiner Zielstrebigkeit bekam er einen Job, der genau auf ihn wartete, als er das College abgeschlossen hatte, und seitdem entwickelt er sich immer weiter. Ich war immer die etwas verrückte Schwester. Diejenige, die beim Fernsehen arbeiten wollte und in einem Teilzeitjob arbeitete, nachdem sie ihren Abschluss auf einer privaten Universität gemacht hatte, für die sie sich verschuldet hatte. Durch unsere Unterschiedlichkeit haben wir sehr unterschiedliche Ansichten, aber das ist auch etwas, was ich an meinem Bruder liebe. Heute, als Erwachsene, machen unsere Unterschiede unsere Freundschaft nur stärker.

Es war mir ein riesiges Vergnügen, meinen Bruder einzuladen, beim Dreh zuzusehen, als Jennifer Aniston bei der Show war.

Als Kinder sahen wir *Friends*, als sei es unsere Familie. Damals fing Danny an, für Jennifer Aniston zu schwärmen, eine Frau, die er unzählige Male als »perfekt« bezeichnet hatte. Sie war sein Ideal und sie blieb auch weiterhin seine Vorstellung von Perfektion, lange nachdem die Show abgesetzt worden war. Jeder weiß das, auch Dannys Frau Lucy. Als also Jennifer Aniston für die Show gebucht war, war der erste Mensch, den ich anschrieb, Danny, der bei der Vorstellung, zum Dreh zu kommen, einen Luftsprung machte. Ich liebte es, dass ich die Möglichkeit hatte, meinem Bruder zu zeigen, womit ich meinen

Lebensunterhalt verdiente, und ihm die Chance zu bieten, seine »perfekte Frau« einmal persönlich zu sehen.

Wenn ich Leuten Tickets für einen Dreh besorge, kann ich ihnen entweder den Zugang durch einen VIP-Eingang ermöglichen oder es arrangieren, dass sie durch den Green Room kommen, eine Option, die ich nur meiner Familie oder engsten Freunden vorbehalte. Danny und Lucy gingen früher von der Arbeit weg und kamen gemeinsam zum Dreh. Ich traf mich mit ihnen im Green Room. Sie wurden dann zu ihren Plätzen begleitet. Nach der Show kamen sie noch mal in den Green Room, um sich zu verabschieden und wieder zu gehen. Das war der Moment, in dem das Schlimmste geschah, das mir je passierte.

Jennifer Aniston war für die Dauer der Show geblieben und wollte gerade gehen, während Danny, Lucy und ich uns im Green Room aufhielten. Wir drei lehnten an einer Anrichte an der Wand gegenüber der Tür zu ihrer Garderobe und unterhielten uns über die Show. Jennifer Aniston tauchte in all ihrer ätherischen Schönheit aus ihrer Garderobe auf, begleitet von ihrem Personal, und schwebte von der Garderobentür aus auf uns zu. Während sie vorbeiging, sah sie auf, stockte und sah sich noch einmal um. Sie lächelte jemanden neben mir an, ich muss sagen, flirtend. Sie fuhr sich mit einem Finger spielerisch durch eine ihrer kräftigen, legendären Locken und schnippte sie sich aus dem Gesicht. Dann drehte sie sich schnell um und war weg.

Ich hatte gesehen, wie sie sich noch einmal umgedreht hatte und sich mit flirtendem Lächeln das Haar aus dem Gesicht geschnippt hatte. Und das kam von Jennifer Aniston. Wie konnte ich wissen, dass sie flirtete? Nur für Anfänger: Eine Flirterin erkennt einen Flirt. Ich habe Kerlen in Bars diesen Blick auch schon zugeworfen, und beim letzten Mal, als ich das bei jemandem tat, habe ich ihn später geheiratet. Es war etwas an dem Lächeln und der Art, wie sie mit ihrem Haar spielte, das mir sagte, dass irgendein Mann hier im Green Room sich sehr glücklich schätzen konnte.

Ich sah sofort in die Richtung, in die sie gelächelt hatte, und sah meinen Bruder, der dumm dastand, ein breites Grinsen ins Gesicht gekleistert. Er war es. Er war derjenige. Der Empfänger des Haarspiels. Ich hätte kotzen können.

Er sah uns an und sagte: »Habt ihr das gesehen?«

Ich sah schnell zu Lucy rüber, in der Hoffnung, dass sie es nicht gesehen hatte. Wenn ich die Einzige war, die es gesehen hatte, konnte ich lügen und sagen, dass es nichts war, oder dass ich woanders hingesehen hatte. Lucy hoffte ebenfalls, dass ich es nicht gesehen hatte, aber als wir beide merkten, dass wir dasselbe gesehen hatten (wie wir *glauben*), wussten wir, wir konnten nicht so tun, als sei nichts gewesen. Und Mann, wir hatten sowas von recht damit, dass es uns so graute.

Er erzählt es beim Thanksgiving-Essen.

Er erzählt es, wenn wir mit der Familie am Strand sind.

Er erzählt es, wenn wir beide miteinander telefonieren.

Manchmal ruft er mich an, wenn er mit seinen Freunden zusammensitzt, weil er will, dass ich seine Geschichte bestätige. Wenn Lucy und ich nicht dabei gewesen wären, wie Jennifer Aniston vor meinem Bruder spielerisch ihr Haar zurückwarf, wäre er nur irgendein Typ, der etwas erfindet über eine schöne Frau, von der er hofft, dass sie ihn beachtet. Aber das ist er nicht. Ich war da und ich habe es gesehen, und ich hasse es, dass ich es nicht leugnen kann.

In der Zeit, in der ich für Conan arbeite, hatte ich nicht einmal einen solchen Moment. Ein Blick scheint so ohne jede Konsequenzen zu sein, aber die Möglichkeit ist das, was Danny nicht mehr loslässt. Was wäre gewesen, wenn seine Frau und seine Schwester nicht da gewesen wären und ihm die Tour vermasselt hätten? Was, wenn er etwas zu ihr gesagt hätte, und sie hätte geantwortet, und er wäre eine ihrer großen Lieben geworden?

Aber es besteht auch die Möglichkeit, dass der Blick gar nichts bedeutete. Dass er zurückgelächelt hätte, etwas zu ihr gesagt hätte, und sie seine Avancen elegant abgewiesen hätte, und das Leben wäre weitergegangen. Das Frustrierende für mich, seine Schwester, ist, dass wir das nie erfahren werden. Die Möglichkeit, dass da mehr ist, hängt in der Luft. Die Vorstellung, dass Jennifer Aniston vielleicht fand, dass mein Bruder, derselbe Typ, der oft mein ganzes Essen aufaß, bevor ich mich überhaupt an den Tisch setzte, gut aussehend war. Es ist für mich eine Beleidigung, dass eine der schönsten Frauen der Welt finden könnte, dass mein Bruder, der Typ, der einfach mein Haarpflegemittel aufbrauchte, ohne mich zu fragen, dass dieser Typ es wert sei, angelächelt zu werden. Die Vorstellung, dass Jennifer Aniston, eine Schauspielerin in der wohl beliebtesten Sitcom aller Zeiten, irgendein Interesse an meinem Bruder haben könnte – dem Typen, der mich nach seinem Footballtraining mit seinen Socken bewarf –, nachdem sie mit Brad Pitt verheiratet gewesen war. BRAD. PITT. Nein, mein Herr. Meine Version der Geschichte ist, dass es nichts bedeutete, und sie war einfach nur nett, aber das Problem ist, dass ich es nicht *sicher* weiß, und die winzige Chance, dass sie tatsächlich an ihm interessiert war, treibt ihn bis heute um.

Das ist ein Moment, der mich mein Leben lang verfolgen wird. Wenn wir 80 sind, wird Danny seinen Enkeln davon erzählen, wie eine der schönsten Schauspielerinnen *aller Zeiten* ihn flirtend angelächelt hat, als er einmal zu einem Fernsehdreh gegangen war. Dann, nachdem er ihnen erklärt hat, was das Fernsehen war, wird er mich ansehen und sagen: »Eure Großtante Sona kann es bestätigen.« Und dann werde ich es wieder müssen und mir wünschen, ich hätte ihn durch den VIP-Eingang geschleust.

## Der Last-Minute-Gast in der Show

*Silicon Valley* war immer eine meiner Lieblingsserien im Fernsehen. Das heißt, solange, bis der Produktionsplan Kumail Nanjiani dazu zwang, seinen Auftritt in unserer Show in letzter Minute abzusagen. Danach habe ich nie mehr auch nur eine Episode davon angesehen. Warum? Weil aufgrund von Kumails Last-Minute-Absage *ich* als Gast für die Show des Abends herhalten musste.

Den ganzen Tag lang hatten wir Gerüchte gehört, dass Kumail vielleicht nicht rechtzeitig zu den Aufnahmen kommen könnte, aber erst 30 Minuten vor Showtime bekam das Team die offizielle Nachricht, dass er absagen musste. Ich war zu der Zeit in Conans Garderobe, zusammen mit Jeff Ross, Matt O'Brien und Mike Sweeney, während sie brainstormten, wie sie die Zeit füllen sollten. Conan war auf unheimliche Weise still, was nie ein gutes Zeichen ist. Ich wurde gebeten, den Raum zu verlassen, um sie untereinander sprechen zu lassen, was mir ganz besonders seltsam vorkam. Warum wollten sie unter sich sein, um den Inhalt zu besprechen? Ich hatte ein schlechtes Gefühl dabei.

Ich schlug Zeit tot, indem ich mich im Green Room auf die Couch setzte und Käse aß, wie ich das oft mache. Es war ein wunderbarer alter Gouda da, den wir vom Catering bekommen hatten, und der Boursin, den ich so liebe. Mit den richtigen Crackern war er für mich ein Glücksmoment im Mund, und manchmal stellte ich fest, dass ich die Einzige war, die sich hingebungsvoll der Käseplatte widmete. Es ist peinlich, sich in einem Käserausch zu verlieren und dabei gar nicht zu merken, dass man die Einzige ist, die sich von einer Platte ordentlich auflud, die eigentlich für 20 Leute gedacht war. Ich überging die Anstandsregel, eine vernünftige Menge Käse und Cracker zu nehmen und sie auf einen kleinen Teller zu legen, und ging gleich zu einem Teller der Vorspeisen-Größe über, als ob die dargebotenen Käsesorten, Cracker, das Obst und die Aufstriche nur für mich seien, und für sonst niemand. Ich vergaß aber dennoch nicht die guten Manieren, die ich bei den Pfadfindern gelernt hatte – ich benutzte die kleine Plastikzange vom Catering, um vorsichtig einen Cracker vom Stapel zu nehmen, schnappte mir dann ein kleines Plastikmesser, um mir eine ungesunde Menge an Käse auf besagten Cracker zu laden, und schob das Ganze dann auf nicht gerade elegante Weise in den weit aufgerissenen Mund. Normalerweise wollte ich nicht, dass der Gast des Abends mich in meinem Anfall von Käselust sah, aber an jenem Abend hatten wir ja gar keinen Gast, wen sollte es also interessieren?

Während ich mir die Backen vollstopfte, kam Jeff aus Conans Garderobe und sagte mir, ich solle in die Maske gehen und mich schminken lassen. Das war's – er gab mir keine weitere Erklärung, warum oder was los war, also tat ich einfach, was man mir sagte. Bis dahin ignorierte ich aktiv das Offensichtliche. Oder vielleicht hatte der Käse meine Sinne verlangsamt. Was auch immer, ich liebte es, mich von den Künstlern in der Maske schminken zu lassen, also ging ich gerne hin. Man denkt ja, man weiß, wie man Lidschatten aufträgt, bis ein Profi es für einen macht; dann wird einem klar, dass man nur ein Monster mit einer Bürste ist.

Ich sitze also im Stuhl und lasse mich schminken, und einer unserer Produktionsleiter, JP Buck, kommt rein und fängt an, mir Fragen zu stellen, als würde er ein Vorinterview machen. JP erklärte mir schließlich, was ich schon befürchtet hatte: dass ich als Füller für Kumail Gast der Show dieses Abends sei. Gott sei Dank hatte ich mir an jenem Tag die Haare gewaschen.

Ich hatte nichts Interessantes zu sagen. Ich bin nicht berühmt. Ich hatte nichts Witziges vorbereitet. Ich trug Jeans und eine weiße Bluse, also hatte ich auch keine sexy Sachen an, um die Leute damit abzulenken. Ich wusste nicht, worüber ich mit Conan reden sollte, und ich hatte keine Ahnung, was ich tun sollte. Erin Gillman, unser Talent-Koordinator, schrieb meinen Namen auf einen Post-it-Zettel und klebte ihn an eine der Garderobentüren. Ich saß da, sah zu, wie die Show anfing und hoffte, Conan würde mit dem Publikum genügend Zeit herausschinden, sodass sie mich gar nicht brauchen würden. Keiner beherrschte den Raum so wie Conan, und ich dachte, wenn er einfach einen Lauf hätte, wäre mein Problem vielleicht gelöst. Ich dachte sogar auch darüber nach, wie wunderbar es wäre, wenn er jemanden aus dem Publikum holen würde und diese Person den Gastteil der Show machen lassen würde. Total packend! Ich würde mir das ansehen!

Sie können sich mein absolutes Grauen vorstellen, als jemand hereinkam, um mir das gottverdammte Mikrofon anzuheften. Das geschah jetzt also wirklich.

Ich weiß, es gibt Leute, die von diesem Moment ihr Leben lang träumen. Ich kann mir nichts Aufregenderes für einen Newcomer vorstellen, als auf dem Sessel zwischen Conan O'Brien und Andy Richter zu sitzen. Aber ich bin kein Newcomer. Ich esse gern Käse in der Garderobe, während ich zusehe, wie andere Leute sich ihre Träume verwirklichen.

Nicht dass ich nicht aufgeregt gewesen wäre. Aber ich fand wirklich, dass ich nichts beitragen konnte. Ich sitze jeden Tag im Preshow-Meeting neben Andy. Das ist mir lieber, als an irgendeinem Tag neben ihm in der Show zu sitzen. Wir machen schmutzige Witze und lachen und stören das Meeting und es ist lustig. Jetzt musste ich aufpassen, dass ich nicht wieder da hineinrutschte und etwas sagte, was meine ganze Familie beschämen würde.

Als ich rausging, war ich anfangs nervös, aber sobald der erste Lacher kam, wurde ich ruhig. Ich stellte mir vor, dass ich nichts zu verlieren hatte. Wenn ich furchtbar wäre, wen juckt's. Ich würde sowieso wieder von der Bühne runter und zurück an meinen Schreibtisch gehen. Wenn alles großartig lief, war das auch gut. Aber auch dann würde ich danach wieder hoch an meinen Schreibtisch gehen. So oder so würde sich in meinem

Leben nichts ändern und das sagte ich mir die ganze Zeit. Wenn ich diesen Moment zu wichtig nahm, hätte ich es nie gemocht, wie das Interview verlief. Ich sagte mir einfach die ganze Zeit über: »Es ist nicht wie damals beim nationalen Finale im Debattieren.« *Das* war ein angsteinflößender Moment gewesen, der Kulminationspunkt von jahrelanger harter Arbeit, etwas, was mir wirklich wichtig war. Dies hier war nicht so.

Ich bin mir sicher, wenn ich früher gebucht worden wäre, hätte ich mir über jeden Aspekt meiner Erscheinung zwanghaft Gedanken gemacht: Was sollte ich anziehen? In welcher Farbe sollte ich mir die Nägel lackieren? Wie sollte ich mein Haar tragen? Sollte ich mich freizeitmäßig anziehen oder etwas eher Formelles tragen? Die Tatsache, dass ich ein Last-Minute-Füller war, befreite mich von all diesen Sorgen – ich konnte mich darauf konzentrieren, einfach eine gute Zeit auf der Bühne zu haben, zusammen mit zwei Menschen, denen ich vertraute. Ich konnte mir keinen Stress machen, denn ich hatte keine Zeit dazu. Es stand auch gar nichts auf dem Spiel und es gab keinerlei Erwartungen. Kurz nach meinem Auftritt gab ich ein kurzes Interview für Variety für einen Beitrag über Conan und Podcasting und sie befragten mich zu meinem Auftritt als Gast in Conans Show. Folgendes Zitat stand dann in dem Beitrag:

> *»Das sollte nicht noch mal passieren«, sagt sie. »Ich habe es gut hinbekommen, weil die Erwartungen sehr niedrig waren. Wenn man irgendeine Assistentin vor die Kamera setzt und sie sich nicht vollkotzt, findet jeder, sie hat es gut gemacht.«*

Es war schnell vorbei. Ich fragte jemanden im Publikum, auf den sich Conan vorher in seinem Monolog bezogen hatte, ob er etwas Gras dabei hätte. Ich sprach über das eine Mal, als ich Conan eine Textnachricht geschrieben hatte, dass mein Hund sich übergeben hatte, und er dachte, ich rede von mir.

(Mein Hund heißt Oki. Ich schrieb Conan: »Oki hat sich übergeben und überall hingeschissen«, und er las den Text falsch und dachte, ich hätte geschrieben: »Ok, ich habe mich übergeben und überall hingeschissen.«) Am Ende des Abschnitts ließ ich das Publikum skandieren »Kauf ihr ein Haus«, nachdem ich die Gelegenheit genutzt hatte, Conan zu fragen, ob er mir und meinem Mann ein Haus kaufen würde. Es machte mir viel mehr Spaß, als ich gedacht hatte. Ich ging zurück in den Green Room, und meine Kollegen, die die Show von dort aus verfolgen, applaudierten alle, als ich reinkam. Das war ein großartiges Gefühl. Ich trank Champagner und aß noch mehr Käse. Ich rief meine Familie an, um ihnen zu sagen, dass ich in der Show war, damit sie es sich ansahen. Dann ging ich einfach zurück nach oben an meinen Schreibtisch. Ich wusste nicht, wie die Leute es aufnehmen würden, oder ob es überhaupt irgendjemanden interessieren würde, aber ich wusste, dass es sich für mich okay anfühlte, auch wenn ich wusste, es würde nie ein so großer Moment für mich sein wie beim Finale im Debattieren.

## Mein Auto

Mein Auto war mir immer schon sehr wichtig. Ich hatte nie ein teures oder extravagantes Auto – nur eines, das mich zuverlässig von A nach B brachte. Von dem Moment an, als ich meinen Führerschein hatte, war ich der Typ VW Jetta, bis zu dem Moment, in dem mir klar wurde, dass das vielleicht kein wirklich großartiges Auto war.

Wie so viele Angelenos holte ich mir den Führerschein in dem Moment, in dem ich 16 wurde. Ich machte das Foto für den Führerschein gleich nachdem ich den SAT-Test gemacht hatte und das schlimme Foto in meinem Führerschein verfolgte mich viele Jahre lang. Ich zeigte den Türstehern an einer Bar meinen Führerschein und sie zuckten buchstäblich zusammen, als sie das Foto darin sahen: ein leichtes Lächeln, breit genug, um die Zahnspange zu entblößen, die ich viel zu lange hatte, die Haare zu einem schlampigen Dutt aufgesteckt, aus dem eine störrische Strähne herausfiel, ein schlecht sitzendes T-Shirt, das durch einen schlecht sitzenden Hoodie noch betont wurde. Es war eine Katastrophe, aber ich schweife ab.

Es war das Jahr 1998, und das erste Auto, mit dem ich herumfuhr, war der VW Jetta meines Vaters, Baujahr 1992. Mein Vater war Leiter eines Warenlagers für Imbisswagen, und immer wenn etwas mit seinem Auto nicht stimmte, ließ er es von den Lager-Mechanikern reparieren. Wenn das Auto durch das Drehen des Schlüssels nicht ansprang, musste man einfach einen Knopf links vom Lenkrad drücken, dann sprang der Wagen an. Es war komisch, und meine Freunde, die im Auto mitfuhren, fanden es auch komisch. Es lag auch ein Schläger im Kofferraum, den man benutzte, um auf eine bestimmte Stelle am Motor zu schlagen, falls man noch immer Probleme hatte, den Motor zu starten. Und es lag immer eine Reserveflasche Frostschutzmittel darin. Mein Vater achtete sehr auf sein Auto, aber es war eben einfach alt. Der Kilometerzähler zeigte 300 000 Meilen an, und das war, bevor er kaputt ging. Das FM-Radio funktionierte nicht, also mussten wir im Auto immer AM-Radio hören. So machte ich Bekanntschaft mit Radio Disney. Als ich meinen Führerschein hatte, fuhr ich das Auto öfter als mein Vater und ruinierte es angeblich. Nachdem ich anfing, damit zu fahren, lebte es nur noch zwei Jahre, und dann ging es auf der Straße spontan in Flammen auf. Wenn ich sage »Es ging spontan in Flammen auf«, meine ich das ganz wörtlich. Das Auto stand auf der Straße und aus dem Nichts heraus fing der Motor an zu brennen. Wir löschten das Feuer, bevor es schlimmer wurde, aber das war das Ende des 92er-Jetta.

Kurz darauf überraschten mich meine Eltern mit einem gebrauchten 97er-Jetta, den ich liebte. Mein Vater musste mich daran erinnern, mich um die Wartung des Autos zu kümmern, wie Ölwechsel oder Inspektionen. Dieses Auto hatte irgendwann auch seine Macken. Ich hatte einmal eine CD in den CD-Player gesteckt und sie kam nie mehr heraus. Manche Türen gingen auf und andere nicht, aber welche Türen funktionierten und welche nicht, änderte sich ständig. Manchmal verklemmte sich das Schiebedach, wenn es offen war, und ich betete dann, dass es an dem Tag nicht regnen würde. Zum Glück waren wir in LA, also war es kein Problem, auch wenn immer die Gefahr bestand, dass es gestohlen würde.

Das Auto hielt mich auf Trab. Ich musste das Getriebe austauschen lassen – und zwar zweimal. Eines Tages, etwa sieben Jahre nachdem ich das Auto bekommen hatte, fuhr ich vom Haus meiner Eltern in die Arbeit, und das Auto machte ein Geräusch, als ob etwas Metallisches darunter auf dem Boden entlangschleift. Ich fuhr zurück zum Haus meiner Eltern, lieh mir das Auto meiner Mutter für den Tag, und gab ihr meine Autoschlüssel. Sie fuhr mit meinem Auto in ihre Yogastunde, die gleich in der Nähe stattfand. Auf der Rückfahrt, als das Auto einen steilen Hang hinauffuhr, spürte meine Mutter etwas, was sie für einen Platten hielt. Als sie aus dem Auto stieg, sah sie sowohl den Reifen als auch die Felge den Hang hinunterkullern. Sie stand da in ihren Yoga-Klamotten und mit ihrer Yoga-Matte und versuchte, Hilfe zu bekommen. Jemand sah sie, und anstatt anzuhalten, riefen sie die Polizei. Als die Polizei kam, erklärte ihnen meine Mutter, was passiert war, und sie boten ihr an, sie nach Hause zu fahren. Da sie eine Zivilistin war, musste sie auf dem Rücksitz mitfahren, wo sonst die Kriminellen sitzen. In ihren Yoga-Klamotten.

Mein Vater war ziemlich sauer, als er herausfand, dass ich kaum etwas von der Wartung gemacht hatte, die er mich ständig beschwor zu machen. Offenbar war es meine Schuld, dass ich dieses Auto zuschanden gefahren hatte. Als ich zu ihrem Haus zurückkam, um das Auto meiner Mutter zurückzubringen, war es beschlossene Sache, dass ich ein neues Auto bekommen sollte, was mich ganz fertigmachte. In all der Zeit, in der ich diesen Jetta gefahren war, hatte ich ihn liebgewonnen – es war das Auto, mit dem ich zum College gefahren war, in meine erste Wohnung, zu zahllosen Verabredungen und so viel mehr. Ich schluchzte tatsächlich, als wir es gegen meinen 2007er-Jetta eintauschten.

Anders als die anderen beiden Autos, die ich gefahren hatte, war dieses hier brandneu. Und ich hatte es vollständig selbst bezahlt. Ich fuhr es jahrelang und entwickelte eine aufrichtige Liebe dazu. Ich war sehr stolz, ein Auto zu besitzen, aber auch dieses hatte seine Macken. Und hier kommt Conan ins Spiel.

Alle Augenblicke war wieder irgendetwas kaputt am Auto – das Licht ließ sich nicht ausschalten, der Sonnenbrillenhalter ließ sich nie schließen, die Elektrik funktionierte nie. Der Stoffbezug am Dach des Autos hing ziemlich weit herunter. Ich musste es ständig in die Werkstatt bringen, um es reparieren zu lassen. Es war wahnsinnig ärgerlich.

2018 fanden Conan und seine Autoren, dass es lustig wäre, wenn er und ich zusammen im Internet ein Auto kaufen würden. In Zusammenarbeit mit Autotrader machten wir Außenaufnahmen, bei denen er im Wesentlichen sechs Minuten lang mein Auto niedermachte, und dann gingen wir ins Internet, um zu sehen, was dort auch immer für Autos angeboten wurden.

Während Conan sich über mein Auto lustig machte, riss er den Sonnenbrillenhalter ab, schraubte die Birne aus meinem geflickten Scheinwerfer und stopfte Zeitschriften in den herunterhängenden Stoffbezug vom Dach. Und all das vor laufenden Kameras. Unser Field Producer Jason Chillemi kam zu mir, nachdem die Dreharbeiten vorbei waren, um zu »reparieren«, was Conan meinem Auto auch immer angetan hatte, aber er konnte es nicht reparieren. Ich hatte immer gedacht, unser Team würde alles reparieren, was Conan kaputt machte, besonders, wenn es persönliches Eigentum war. Aber während ich da saß und meinen Sonnenbrillenhalter an mich presste und mir klar wurde, dass er nicht repariert werden würde, fand ich mich mit der Tatsache ab, dass meine Glühbirne nicht ersetzt werden würde und dass der Schaden am herunterhängenden Stoffbezug über dem Rücksitz von nun an dauerhaft noch schlimmer sein würde. Zu Beginn der Aktion war mein Auto schon ein Schrotthaufen, aber jetzt war es das noch viel mehr.

Zwei Monate nachdem wir die Außenaufnahmen gemacht hatten, fuhr ich im dichten Verkehr von LA auf dem Freeway 134 von Burbank nach Glendale. Ich weiß noch, dass ich wegen des Staus angehalten hatte, und als auf das Gaspedal trat, um zu beschleunigen, passierte gar nichts. In mir stieg Panik auf und ich legte den Leerlauf ein und ließ das Auto auf den Standstreifen rollen. Die Leute sind gar nicht nett bei rollenden Autos auf dem Freeway. Ich rief heulend meinen Mann an und erzählte ihm, was passiert war – dass mein Scheiß-Jetta nicht mehr beschleunigte und nicht mehr lief. Er kam und holte mich ab und wir ließen das Auto zu einem Mechaniker in der Nähe abschleppen, der mir 500 Dollar berechnete, um das zu reparieren, was er für das Problem hielt (ich hätte diesem Mechaniker gegenüber schon skeptisch sein sollen, als er immer nur meinen Mann ansah, während er erklärte, was mit dem Auto los war, und meine Gegenwart komplett ignorierte … als ob ich nicht für den Schrottkarren bezahlen würde). Einen Tag, nachdem wir mein Auto von der Werkstatt geholt hatten, passierte mir genau dasselbe an genau derselben Stelle auf dem Freeway. Diesmal schleppte ich es einfach nach Hause ab, räumte meine Sachen raus, nahm Abschied und schleppte es zum nächstgelegenen CarMax, wo ich noch 700 Dollar dafür bekam.

Der Beitrag mit meinem Auto veranlasste die Fans, mit denen wir interagierten, Conan zu fragen, ob er mir jemals ein neues Auto gekauft hat, als wäre er Oprah Winfrey. Also tat er es, aber auf die größtmögliche passiv-aggressive Conan-Art. Das Auto, das er mir kaufte, war das, was er mir auf Sendung angeboten hatte – ein ekelhafter Honda, der aussah, als wäre darin jemand umgebracht worden, den er für etwa 500 Dollar kaufte, was meiner Meinung nach 400 Dollar zu viel waren. Für mich ist dieser Beitrag vielmehr eine Erinnerung daran, wie schlecht ich darin bin, ein Auto instand zu halten – und eine Erinnerung an die Meilensteine, die ich in der Zeit, in der ich diese Autos besaß und fuhr, erreicht hatte. Als ich meinen 2007er-Jetta kaufte, war ich Koordinatorin bei NBC. Als ich ihn schließlich abstieß, machte ich damit Fernsehaufnahmen, um die Horden von Conans Fans auf dem Laufenden zu halten.

Heute fahre ich einen Kia Niro, einen vernünftigen und zuverlässigen Hybrid-Wagen. Wenn mein Leasingvertrag endet, tausche ich ihn gegen einen Minivan, weil ich jetzt zwei Kinder habe. Wenn mich die Nostalgie überkommt, schaue ich zurück auf diesen Comedy-Beitrag, den wir gemacht haben, und erinnere mich nicht nur an diesen Jetta, sondern an alle Jettas, die davor kamen, eine Erinnerung daran, wie ich mich in meinem Leben in dieser Stadt fortbewegt habe.

## Der Podcast

2018 rief mich Conan in sein Büro, um kurz mit mir zu reden. Er sagte mir, er würde einen Podcast machen, und er wollte, dass ich regelmäßig darin anwesend wäre. Ich würde mich eigentlich gar nicht seine Co-Gastgeberin nennen, weil er die ganze Arbeit macht, und ich einfach daneben sitze und chille und mich einbringe, immer wenn es sich ergibt. Ich hätte jetzt vielleicht nicht erzählen sollen, wie einfach mein Beitrag zu dem Podcast für mich ist, weil mir das den Wind aus den Segeln nimmt, wenn ich eine Gehaltserhöhung will, aber eines kann ich sagen: Ich bin aufgestiegen, von der schlechtesten Assistentin der Welt zur schlechtesten … Podcast-Partnerin? Ich weiß auch nicht. Alles, was ich weiß, ist, dass ich mir anfangs Sorgen darüber machte, dass ich in dem Podcast war, weil ich keine professionelle Comedian bin.

Ich hätte nie gedacht, dass ich in irgendeiner Weise zum Inhalt beitragen würde, als ich den Vertrag unterschrieb, um Conans Assistentin zu sein. Ich dachte berechtigterweise, dass ich höchstens fünf Jahre für ihn arbeiten und dann zum nächsten Job übergehen würde, aber heute, zwölf Jahre später, bin ich immer noch hier. Dass Conan mich gebeten hat, in seinem Podcast mitzuwirken, war gleichermaßen aufregend wie erschreckend. Aber, jetzt kommt's: Ich bin ein Rede-Champion.

Ich weiß, ich habe das schon vorher in diesem Buch erwähnt, und wenn ich es nur ein- oder zweimal erwähnt habe, ist es immer noch weniger, als ich es in meinem normalen Leben pro Woche erwähne. Wann war denn das, dass ich den Wettbewerb gewonnen habe, fragen Sie sich vielleicht? Im Frühjahr 2003. *Aber, Sona, ist das nicht schon 20 Jahre her?* Also, ja. Ja, ist es. *Ist das nicht etwas zu lange her, um sich immer noch darauf zu berufen?* Ja, stimmt schon.

Ich finde, dies ist eine ebenso gute Gelegenheit wie jede andere, wieder einmal darüber zu reden. An diesem Punkt rollt jeder mit den Augen, der mich kennt oder sich nur einmal zehn Minuten lang mit mir unterhalten hat. Ich kann mir vorstellen, wie genervt mein Bruder oder Conan sind, wenn sie wieder etwas über meinen Sieg beim nationalen Rede- und Debattier-Wettbewerb lesen müssen, nachdem sie sich jahrelang anhören mussten, wie ich einmal einen nationalen Rede- und Debattier-Wettbewerb gewonnen habe. Warum also bringe ich das jetzt aufs Tapet?

Nicht, weil einige der Freunde, die ich im Debattierclub hatte, noch immer zu meinen engsten Freunden zählen. Nicht, weil ich ruhig bin, wenn ich vor Publikum spreche. Und auch nicht, weil ich einen Haufen Trophäen besitze, und Trophäen mir ein gutes Gefühl geben. Sondern weil ich dort Selbstvertrauen gelernt habe.

Ich spule mal kurz zurück.

Nach der Highschool ging ich auf ein staatliches College in Walnut, Kalifornien, namens Mount San Antonio College. Ich hatte meinen Highschool-Abschluss in der Nähe gemacht und ein paar meiner Freunde schrieben sich auch dort ein. Ich mochte den Gedanken, dass es fast so etwas wie die Verlängerung meiner Highschool-Jahre sein würde. Als ich ans College ging, war mein Plan, in jedem Semester etwas anderes zu machen. Im Herbstsemester in meinem ersten Jahr versuchte ich mich in der College-Produktion von *Einer flog über das Kuckucksnest* und bekam die Rolle der Sandy, irgendeine Prostituierte, die in das Institut kommt, um zu feiern. Nichts von alldem ist relevant, was ich damit sagen will, ist: Das ist alles, was ich an Schauspielerfahrung vorzuweisen habe.

Im selben Semester belegte ich einen Rhetorikkurs bei einer Dozentin namens Liesel Reinhart. Eines Tages zu Beginn des Semesters stellte uns Liesel die Aufgabe, eine Präsentation zu erstellen über ein neues Fahrgeschäft in einem Vergnügungspark, das sich auf einen Film bezieht. Liesel wollte dem Kurs ein Beispiel geben und fragte nach einem Film, zu dem niemand jemals ein Fahrgeschäft in einem Vergnügungspark entwerfen würde, und ich platzte ohne zu zögern heraus: »*Die Brücken am Fluss*!« Ich gebe zu, es ist traurig, dass ich mich an einen Witz erinnere, über den außer Liesel niemand wirklich lachte. Jedenfalls war Liesel nicht viel älter als ich und sie wurde eine großartige Freundin und Mentorin für mich. Sie ist eigentlich diejenige, die mir riet, dieses Buch zu schreiben. Sie ist auch diejenige, die mir sagte, ich solle ins Team für Reden und Debatten kommen. Das ist alles noch immer nicht relevant, tut mir leid. Ich komme schon noch zum Punkt, wenn auch nur sehr langsam.

Es war erst im zweiten Semester meines zweiten Jahres an einem zweijährigen College, dass ich beschloss, noch einmal einen Kurs mit Rhetorik zu belegen, der sich Readers Theater nannte und von Liesels Freund Steve gegeben wurde. In diesem

Kurs erfuhr ich, dass der andere Begriff für Rede- und Debattier-Wettbewerb »Forensics«* ist. Ich erfuhr es, weil Steve am ersten Tag den Leuten, die hofften, einen Job in Richtung CSI zu bekommen, sagen musste, dass sie im falschen Kurs saßen. Ein paar Leute verließen den Kurs daraufhin. Na jedenfalls, gemäß der Webseite der American Readers Theater Association ist Readers Theater »eine Form der Gruppen-Performance, bei der Aspekte des traditionellen Theaters mit öffentlicher Rede, Aktionskunst, mündlicher Interpretation, Tanz und anderem kombiniert werden«. Wir gestalteten ein komplettes Readers Theater über das Konzept des Bauens von Dingen mit dem Titel »Build« und in einem Teil sollten wir alle eine Melodie singen. Nachdem wir das eine Zeitlang geprobt hatten, sagte Steve: »Das hat sich schon ganz gut angehört. Versuchen wir es mal ohne Sona.« Und so erfuhr ich, dass ich eine furchtbare Singstimme habe. Wie auch immer, das ist wieder mal NICHT RELEVANT. Doch der Kurs eröffnete mir die Gelegenheit für meinen ersten Vorstoß in Richtung Rede-Wettbewerb.

Im folgenden Jahr (und wenn Sie mitgezählt haben, dies ist das dritte Jahr meines Aufenthalts an einem zweijährigen College) schloss ich mich voll und ganz dem Rede-Team an. Ich hatte immer die Schilder gesehen, die sie auf dem Campus aufstellten, auf denen stand: »Willst du nicht einmal Landesmeister in etwas sein?«, und ich dachte: »Naja, ich werde vielleicht nicht Landesmeister, aber vielleicht komme ich nah ran.«

Ich startete mit voller Kraft durch.

Rhetorik teilt sich in zwei Bereiche auf: interpretierende Rede und Rede vom Rednerpult. Interpretierende Reden sind solche, die mehr Darstellungskunst erfordern (Reden, die auf Theaterstücken, Prosa oder Gedichten basieren und einen Gedanken oder ein Konzept präsentieren). Rednerpult-Reden sind sol-

* Anm. d. Übers.: »Forensics« ist der englische Begriff für Rhetorik, er bedeutet aber auch Forensik im Sinne von Gerichtsmedizin.

che, die man selbst schreibt, wobei man informative und überzeugende Reden miteinschließt. Und wie ein Champion habe ich all das gemacht.

Ich war in einem Duo (eine interpretative Rede mit zwei Darstellern), und unsere Grundlage war ein Stück namens *The Baddest Natashas* von Juliana Francis-Kelly, in dem zwei Prostituierte aus dem viktorianischen Zeitalter verglichen werden mit einem modernen Vorsprechen von Schauspielern für eine Rolle. Es war irre.

Ich schrieb über meine Kultur in einer Rede mit dem Titel »ArmeniaMania«. Es war eine Rede, die unterhalten (oder eine After-Dinner-Rede) und lustig sein sollte.

Ich hielt eine Rede über »Warchalking«, ein System, bei dem Leute Gebäude markierten, die offenes WLAN haben, das heißt, WLAN-Anschlüsse, die nicht durch ein Passwort geschützt sind.

Ich hielt eine darstellende Rede auf der Grundlage eines Eine-Frau-Stücks von Lisa Kron mit dem Titel *2,5 Minute Ride and 101 Humiliating Stories* (deutsch: 2,5 Minuten-Ritt und 101 demütigende Geschichten).

Ich hielt noch eine Duo-Rede mit einer Freundin auf der Grundlage eines kurzen Stücks namens *Quake* von Melanie Marnich über eine Frau, die die Liebe ihres Lebens sucht.

Ich versuchte mich auch in freier Rede. Dabei verbringt man das ganze Jahr damit, eine Riesendatei an Artikeln über Geschehnisse in der Welt aus zuverlässigen Quellen zu sammeln; dann, wenn die Runde startet, bekommt man eine Reihe von Fragen und bereitet eine zehnminütige Rede als Antwort auf eine der Fragen vor. Das ist sehr schwierig.

Als ich dieses Schild auf dem Campus zum ersten Mal gesehen hatte, auf dem es darum ging, Landesmeister in irgendetwas zu sein, dachte ich nie, dass ich so weit kommen könnte, aber ich wusste, es würde den Versuch wert sein, nah dranzukommen. Am Ende des Jahres, nach vielen Wettbewerben, wollte ich mich mit nichts Geringerem mehr zufriedengeben. Ich weiß noch, dass einer meiner Coaches davon sprach, dass man eine Runde gewinnt, noch bevor man überhaupt zu sprechen angefangen hat. Mit Selbstvertrauen allein kann man schon die Runde für sich gewinnen. Lange Zeit im Wettbewerb habe ich das nicht ganz verstanden. Ich verstand erst nach drei verschiedenen Episoden mit meinen Coaches, was sie damit meinten.

Das erste Mal war eine Episode während eines Turniers in Pasadena. Ich hatte es zusammen mit zwei anderen, die zufällig auch in meinem Team waren, ins Finale der After-Dinner-Reden geschafft. Das Finale dieser Veranstaltung fand vor allen Teilnehmern des Wettbewerbs statt – etwa 400 Leuten. Der erste Finalist bestieg das Pult und lieferte seine Rede ab – makellos. Dann der zweite Wettbewerber, wieder makellos. Dann war ich dran. Ich ging hinauf und begann meine Rede perfekt.

Nach etwa einem Drittel … hatte ich einen Blackout. Da war nichts mehr. Panik stieg in mir hoch. 400 Augenpaare sahen mich an und ich sagte nichts. Ich sah jemandem in der ersten Reihe direkt in die Augen, mit einem Blick, der zu sagen schien: »Kannst du mir bitte sagen, wie es in meiner Rede weitergeht?« Aber wie sollten sie es wissen? Keiner würde es wissen. Ich war ganz allein. Nach einer Stille, die sich anfühlte wie 20 Minuten, aber wahrscheinlich etwa 20 Sekunden dauerte, starrte ich zu Boden und klatschte einmal. Das Klatschen hallte durch den voll besetzten, aber dennoch absolut stillen Raum. Ich spürte, wie die Leute in der vordersten Reihe mich mitleidig ansahen und froh waren, dass sie nicht an meiner Stelle waren. Ich wollte schon meine Rede hier abbrechen, mich auf den Boden setzen und in Fötusstellung Daumen lutschen wie ein Baby.

Das tat ich aber nicht. Mir fiel schließlich meine Rede wieder ein und ich lieferte den Rest davon ohne Fehler ab. Als ich mich auf meinen Platz setzte, kamen meine Teamkollegen gleich an und trösteten mich. Manche hatten nicht einmal gemerkt, dass ich meine Rede vergessen hatte, bis ich sie daran erinnerte, dass ich anfangs einmal geklatscht hatte, um mich an meine blöde Rede zu erinnern. Das Klatschen wurde in meinem Team bekannt als »das Klatschen, das man auf der ganzen Welt hörte«.

Als der erste, zweite und dritte Platz verkündet wurden, hatte ich null Hoffnung. Ich bereitete mich innerlich auf den dritten Platz vor, nur war ich nicht auf dem dritten Platz. Es gab zwei zweite Plätze und ich hatte einen davon. Selbst mit meiner ewig langen Pause hatte ich zusammen mit meinem Teamkameraden den zweiten Platz. Eines der Jurymitglieder kam später zu mir und sagte, wenn ich nicht kurzzeitig meine Rede vergessen hätte, hätte ich gewonnen. Das war der erste große Schub für mein Selbstbewusstsein während der Wettbewerbe.

Das zweite Mal waren wir auf einem Nacht-Wettbewerb irgendwo bei San Diego. Wir bekamen alle Hotelzimmer und übten unsere Reden bis zum Erbrechen, um sicherzugehen, dass sie beim Wettbewerb am nächsten Tag perfekt wären. An diesem Abend übte ich meine Rede zusammen mit Liesel und Adam, ein weiteres Mitglied unseres Teams und ein guter Freund. Ich wiederholte meinen Teil immer wieder und Liesel sagte mir jedes Mal, dass etwas daran fehle, und dann fragte sie mich, warum ich meinen Teil nicht mit mehr Selbstvertrauen vortrug. Sie sagte mir immer wieder, dass ich die Worte alle richtig sagte, und dass meine Darstellung gut sei, aber dass es mir an der Art Überzeugungskraft fehle, die man nur mit Selbstvertrauen hat. Ich verstand nicht ganz, wie sich mein Selbstvertrauen in meinem Teil widerspiegeln sollte. Unsere Übung wurde eine Art Therapiesitzung und ich fing an zu weinen. Ich *dachte*, dass ich ein selbstbewusster Mensch sei, aber wenn ich jetzt zurückschaue, sehe ich, dass ich das nicht war. Ich hatte immer ein Problem mit Ehrgeiz, fühlte mich in der Mitte ganz wohl, bei 50 Prozent. Ich erlaubte mir nicht, zu denken, dass ich mehr als das verdiente, als ob das Streben nach mehr und mehr zu verdienen nichts für mich wären. An jenem Abend in dem

Hotelzimmer war ich ein Wrack. Ich nahm mir alles, was man mir sagte, zu Herzen und arbeitete wirklich an mir. Bei jedem Turnier, zu dem wir nach jenem Abend gingen, gewann ich oder machte mit meiner Rede einen guten Platz.

Das dritte Mal, dass mich die Coaches dazu brachten, meine Persönlichkeit zu reflektieren, war, als wir beim nationalen Wettbewerb in Portland waren. Wir fuhren ein paar Tage vor dem Finale hin, sodass wir alle unsere Reden noch ausfeilen konnten. Ich hatte fünf Reden für den nationalen Wettbewerb vorbereitet und ich hatte das Gefühl, dass sie alle ganz gut waren. Immer wieder kamen alle 14 Studierenden, die am Wettbewerb teilnahmen, und die vier Coaches, die dabei waren, in einem Raum zusammen, und wir trugen unsere Reden vor dem Team vor. An einem Tag ging ich hin und dachte, ich würde meinen Vortrag perfekt abliefern, aber als ich anfing, unterbrachen mich die Coaches nach ein paar Zeilen und sagten, ich solle noch mal anfangen. Dann taten sie das wieder. Und wieder.

»Warte mal, fang noch mal an. Ich habe nicht das Gefühl, dass du bei dem Teil wirklich dahinterstehst.«

»Halt, du machst zu viele Worte drum herum. Fang noch mal an.«

»Halt, du gehst das zu schnell durch. Fang noch mal von vorne an.«

Ich brach zusammen. Ich brach mitten in meinem Vortrag ab, rannte aufs Klo und fing an zu weinen. Ich bin ein Typ, der schnell weint. Ich weiß noch, dass ich total frustriert war, und ich wusste nicht, was ich sonst tun sollte. Ich benahm mich, als würde ich es allen zeigen, und diese Überheblichkeit machte mich selbstzufrieden. Es schien so, als ginge es gar nicht darum, ob ich den Anfang meiner Rede korrekt vortrug; die Absicht der Coaches war, mich zu brechen. Und das schafften sie auch. Sie rissen mich aus meiner Komfortzone und machten mich vor dem ganzen Team nackig. Als ich zusammenbrach, konnte ich mich wieder neu zusammensetzen und dadurch gestärkt in den

Raum zurückkehren. Ich werde nie vergessen, wie ich mich in dem Moment fühlte. Und es funktionierte. Von meinen fünf Vorträgen bekam ich bei dreien davon Gold und in einem vierten Bronze. Mir fehlte nur ein Punkt und ich wäre vorgestoßen ins Semifinale für freie Rede. Dieser fehlende Punkt verfolgt mich bis heute.

Ich fing langsam an zu denken, dass eine Trophäe schon schön wäre, aber am Ende der Saison wollte ich nicht nur eine einzige Trophäe; ich wollte sie alle. Und was noch wichtiger war: Ich hatte das Gefühl, ich hatte hart genug gearbeitet, um sie auch zu *verdienen*.

Hoppla, also, ich weiß gar nicht, wie ich jetzt hier gelandet bin. Ich fing an, über den Podcast zu sprechen, und irgendwie hat mich das dazu gebracht, darüber zu sprechen, dass ich Landesmeisterin beim nationalen Rede- und Debattier-Wettbewerb wurde. Nun also wieder zurück zum Thema. Sehr viele Leute fragen mich, ob ich nervös war (oder bin), weil ich in einem Podcast bin mit Matt Gourley, einer Podcast-Legende und einem brillanten Improvisateur, und Conan, einer prominenten Comedy-Größe. Meine ehrliche Antwort ist immer nein. Ich versuche gar nicht, in puncto Comedy mit ihnen mitzuhalten, und es ist schwer, zu scheitern, wenn man seine Leistungsspitze schon 2003 erreicht hat. Ja, genau, der Grund, warum ich so weit ausgeholt habe, um Ihnen meine Reise zum Rede-Wettbewerb zu erklären, ist, dass dies meine Leistungsspitze war. Ich konnte ja nicht ein ganzes Buch schreiben und dabei nicht irgendeinen Aufhänger finden, um Ihnen diese ganze Geschichte von Anfang bis Ende zu erzählen. Das war ja klar.

Es gibt doch immer dieses eine Mädchen auf der Highschool, das Sie nicht leiden konnten, weil Sie zusammen in die Grundschule gegangen sind. Sie hat herausgeschrien, dass Sie einen BH brauchen, als sie sich auf der Schaukel nach ganz oben geschwungen hatte, hoch genug, dass sie jeder auf dem Pausenhof hören konnte. Sie sind auf eine andere Junior Highschool gegangen, damit Sie ihr nicht wieder begegnen, also sahen Sie sie nicht wieder bis zur Highschool. Als Sie sie wiedersahen, war sie immer noch sehr schön und dünn und ging mit dem einen Jungen, in den alle verknallt waren; aber dann sahen Sie sie auf Facebook so zwölf Jahre später und sie hat sich zum Negativen verändert. Man merkt, dass es ihr schlecht geht, und Ihnen wird klar, dass sie ihren Höhepunkt auf der Highschool hatte? Also, der Rede-Wettbewerb war mein Höhepunkt. Das ist mir nicht peinlich. Es macht mich *stark*. Wenn man seinen Höhepunkt erreicht hat, und man weiß, dass er das war, dann lässt man sich von gar nichts stressen, was danach kommt.

Was ist los? Ich werde meine erste Reise im Leben nach Armenien unternehmen und es wird eine Filmcrew mitfahren, und es wird im Fernsehen gesendet? Cool, dann machen wir das.

Was ist los? Wir fahren nach Washington DC für einen Dreh von *Christmas in Washington* und die Obamas werden alle da sein? Auf geht's!

Was ist los? Ich fahre zu den Emmys, um unser Team für *The Tonight Show with Conan O'Brien* anzufeuern? Hört sich nach Spaß an!

Als mich Conan also fragte, ob ich Interesse hätte, mit ihm zusammen den Podcast zu machen, sagte ich aus voller Überzeugung zu. Natürlich würde ich das machen. Und ich war nicht nervös, weil (a) ich überhaupt kein Problem habe, vor Menschen zu sprechen, und (b) ich vor langer Zeit meine Leistungsspitze hatte. Weil ich weiß, dass ich nichts zu verlieren habe, kann ich einfach ich selbst sein und alles in vollen Zügen genießen, was ich durch den Podcast erlebe, aber auch in meinem seltsamen und wunderbaren Leben als Conans Assistentin. Ich kann bequem gegenüber Lin-Manuel Miranda sitzen, während er die Nuancen des Meisterwerks »Under Pressure« beschreibt, ohne dass ich das Gefühl habe, ich müsste einen Witz machen. Ich kann in einem Klassenzimmer in Milwaukee Michelle Obama gegenübersitzen, während Conan sie interviewt, ohne mir Gedanken zu machen, wie ich wirke. Ich kann in einem Zoom-Interview mit Shaquille O'Neal sitzen und zuhören, während er Namen für meine Zwillinge vorschlägt, ohne dass ich deshalb aus dem Häuschen gerate. (Die Namen, die er zuerst vorschlug, waren Mark und Markus. Als wir sagten, sie seien zu ähnlich, änderte er seinen Vorschlag in Mark und Marco.) Warum macht es mir nichts aus, wenn wir Aufnahmen machen? Weil ich schon einmal unter Druck stand, und Druck ist, in einem Hotelzimmer in Portland eine zehnminütige Rede auswendig vorzutragen, nachdem man sehr wenig geschlafen hat, während man ein Kostüm und hohe Absätze trägt. Das ist Druck.

Die große Veränderung aber, die nach dem Podcast stattfand, war das Gefühl, dass ich offiziell von einer Assistentin zum »Talent« wurde. Mein Name ist werbewirksam geworden, eine Kassiererin bei Trader Joe's hat mich allein an meiner Stimme erkannt. Ich nahm teil an einer Live-Aufnahme unseres Podcasts vor Tausenden Leuten. Das Beste an dem Podcast ist, dass das ganz natürlich läuft, als würde jemand nur ein Mikrofon vor Conan und mir aufstellen, und wir würden einfach nur mit unserem normalen alltäglichen Gestichel weitermachen. Wenn ich die Leute sagen höre, dass ihnen das gefällt, ist das der größte Beweis dafür, wie sich meine Beziehung zu Conan weiterentwickelt hat. Als ich anfing, für Conan zu arbeiten, hätte ich mich mit ihm nie so wohlgefühlt wie jetzt, aber jetzt, nach über einem Jahrzehnt, kann ich mit ihm ganz offen reden, weil ich mir unserer Freundschaft sicher bin.

Doch ungeachtet all dessen ist das Beste an dem Podcast, dass ich Matt Gourley kennenlernte. Matt ist in Whittier aufgewachsen, was etwa 15 Minuten von Hacienda Heights entfernt ist, wo ich aufwuchs. Wir sind beide SoCal Kids (*Southern California Kids, Kinder von Süd-Kalifornien, Anm. d. Übers.*) und ihn kennenzulernen war die reine Freude. Ihm zuzuhören, wie er mit Conan improvisiert, gehört zu meinen Lieblingssituationen, wenn wir Aufnahmen machen.

Im Podcast kann ich ganz als ich selbst auftreten. Und nachdem ich im Lauf der Jahre so viel an mir gearbeitet habe, bin ich damit mehr als zufrieden.

## Die Reise nach Armenien

Anfang 2015 lockerte Präsident Obama die Reisebeschränkungen nach Kuba. Binnen Wochen flog Conan zusammen mit einer Crew hin, um eine Auslands-Sondersendung aufzunehmen. Sie wurde sowohl vom Publikum als auch den Kritikern so gut aufgenommen, dass Conan beschloss, Auslandsreise-Sondersendungen als neues Format in sein Portfolio aufzunehmen.

Als wir diskutierten, was die zweite Sondersendung sein sollte, hielten wir Brainstorming-Meetings ab, und alle schlugen diese unglaublich exotischen Länder vor … die alle fantastisch gewesen wären. Irgendwann hakte Conan ein und sagte: »Wieso bringen wir Sona nicht nach Armenien?«

Mir blieb das Herz stehen, als alle einverstanden waren.

Ich bin stolze Armenien-Amerikanerin. Ich bin in Montebello, Kalifornien, geboren. Dort gibt es eine solide armenische Gemeinde. Wir haben eine Kirche, eine Schule und ein Gemeindezentrum. Die Armenier begannen um die 60er-Jahre nach Montebello einzuwandern. Damals kam auch mein Vater, als die Gemeinde sich gerade als Teil jenes Vororts von Los Angeles etablierte. Ich wurde von dieser kleinen, aber starken Gruppe von Leuten schon in früher Kindheit aufgenommen, und Armenierin zu sein wurde ein wichtiger Teil meiner Identität.

Und jetzt, da ich zum allerersten Mal ins Heimatland reisen sollte, würde ich mit dem weißesten Mann dorthin fahren, den ich kannte, mit einer Crew, von der keiner Armenier war, und das alles sollte landesweit im Fernsehen gesendet werden. Ich war mir zwar sicher, dass weder Conan noch alle anderen mich bloßstellen würden, aber ich hatte immer noch einen kleinen

Rest Sorge im Hinterkopf. Was wäre, wenn die Sondersendung schlimm sein würde? Diese Gemeinde, die ich liebe, und auf die ich so stolz bin, dazuzugehören, könnte die Sendung schrecklich finden. Sie könnten mich ausschließen.

Ich versuchte, nicht daran zu denken.

Um ehrlich zu sein, glaubte ich so lange nicht richtig daran, dass diese Reise wirklich stattfinden würde, bis wir im Flugzeug saßen und es vom Boden abhob. Dann landeten wir in Armenien, und ich weiß noch, wie ich aus dem Flugzeug stieg und Menschen sah, die so aussahen und sich so anhörten wie sehr viele Menschen, die ich kenne. Ich spreche nicht den armenischen Dialekt, den man in Armenien spricht, also konnte ich nicht gut kommunizieren. Armenisch ist eine komplizierte Sprache und die Dialekte sind von Region zu Region total unterschiedlich – so sehr, dass es schwierig sein kann, Menschen zu verstehen und mit ihnen zu sprechen, die einen anderen Dialekt sprechen. Zu allem Überfluss habe ich auch Probleme mit dem Dialekt, den ich als Kind gelernt habe. Es war ein sprachliches Kuddelmuddel.

Nach unserer Reise zum Garni-Tempel, wo Conan mit traditionellen armenischen Tänzern tanzte, fuhren wir zu einem Haus in der Nähe und sahen zu, wie Frauen Lavash machten, armenisches Brot. Sie machten auch Oghi, einen Schnaps, der wie Lakritz schmeckt. Wir hatten die ganze Zeit über einen Dolmetscher dabei, der eine große Hilfe war, aber sie wollten den Teil, bei dem Conan und ich mit dem Herrn sprachen, der den Oghi machte, ohne Dolmetscher machen, um den Prozess nicht zu verlangsamen. Wir mussten auf meine dürftige Kommunikationsfähigkeit zurückgreifen, um den Herstellungsprozess von Oghi zu übersetzen. Zum Glück verstand der Mann kein Englisch, also erfand ich einfach alles. Er zeigte auf verschiedene Röhren und Teile eines Apparats, und ich machte ihn einfach nach und erfand kompletten Unsinn.

»*Irgendwas in ost-armenischem Dialekt*« war das, was ich hörte, während er auf ein riesiges Fass voller irgendwas deutete.

»In diesem Fass befindet sich der Alkohol, wo das Ganze zur Herstellung des Schnapses fermentiert und aus dem Alkohol etwas macht, was man trinken kann«, sagte ich, während ich auf das Fass zeigte.

»*Noch mehr Armenisch, das ich nicht verstehe*«, während er auf einen Schlauch zeigte, der in einen Hahn mündete, aus dem das fertige Produkt herauskommen würde.

»Durch diesen Schlauch läuft das Getränk zum Hahn. Man kann den Oghi trinken und mit Freunden feiern; er wird einen locker machen, denn er ist stark, und ich weiß nicht, warum er so begeistert war, als er über diesen Schlauch hier sprach«, sagte ich, während ich dieselben Gesten machte wie er.

Der Trick bestand darin, schnell zu reden und sehr viele Wörter zu sagen, nur für den Fall, dass er doch etwas Englisch verstand. Zum Glück nickte er nur, während ich »übersetzte«, was er sagte, als wäre er einverstanden mit meiner Erklärung des Prozesses, von dem er Meister war. Er hatte keine Ahnung, dass ich seine Kunst komplett blamierte. Denken Sie immer daran: Menschen ändern sich nicht. Hier stehe ich, drehe eine Fernseh-Sondersendung über Armenien mit Conan O'Brien, erlebe etwas Bedeutsames in Bezug auf die Kultur meines Heimatlandes, und produziere noch immer Mist. Das ist die Sona von früher.

Als wir zurück zum Van kamen, um ins Hotel zurückzufahren, erzählte ich allen, dass ich die Übersetzungen erfunden hatte. Ich hatte das so überzeugend gemacht, dass es keiner gemerkt hatte. Wir schnitten den Teil am Ende heraus, also war es sowieso egal.

Auch wenn ich als Armenien-Amerikanerin in den USA aufwuchs und mir meine Eltern großen Stolz auf meine Kultur mitgegeben haben, konnte ich nicht ignorieren, was mich von den Armeniern in Armenien unterschied. Eines Tages, als wir frei hatten, fuhren zwei unserer Autoren und ich zum Vernissage, einem Basar, auf dem man praktisch alles kaufen kann. Als wir losfuhren, winkten wir ein Taxi her und stiegen ein. Während wir fuhren, sah unser Taxifahrer einen seiner Freunde am Straßenrand und hielt mitten auf der Straße an, um ihn zu begrüßen. Während sie sich unterhielten, wurde klar, dass der Freund des Taxifahrers irgendwohin fahren musste, und da unser Taxifahrer über ein Transportmittel verfügte, was läge näher für ihn, als dass ihn der Taxifahrer mitnahm an den Ort, wo er hinmusste? Also steigt der Freund ins Auto und wir stellen uns alle vor und fahren gemütlich zurück zum Hotel, wo der Fahrer uns absetzt, und dann fährt er seinen Freund einfach mal so zum nächsten Zielort. Das wäre so, als würde ein Taxi in New York City plötzlich zum UberPool-Taxi.

Aber warum war das für mich komisch? War es, weil es unprofessionell wirkte? Ich habe so viele unprofessionelle Dinge in meinem Berufsleben gemacht, warum also sollte mich das interessieren? War es, weil es einfach seltsam wirkte? Seltsam zu sein ist eine weitere Charaktereigenschaft von mir, also noch mal: Ich war mir nicht klar, warum es für mich so eine große Sache war. Es war ein Moment, der mir auffiel, und selbst jetzt noch merke ich, dass es nicht unbedingt etwas war, das ich für falsch halte, sondern etwas, das ich eigentlich schätzte – dass sich jemand über die Norm dessen hinwegsetzte, was sein Job verlangt, und es ihm auch noch Spaß macht. Ich weiß noch nicht einmal, ob er verstand, dass das, was er tat, in den Augen seiner Passagiere abnormal war, aber die Tatsache, dass es ihm egal war, ob wir das Ganze komisch fanden, war etwas, was ich … irgendwie bewunderte.

Der letzte Abend unserer Reise fiel auf meinen Geburtstag. Wir gingen in ein Restaurant namens Dolmama und hatten das gesamte Erdgeschoss für uns allein. Unser Servicemann brachte jedem mehrere Cognacs, die er zuvor anzündete. Ich trank etwas zu viel und begann den Servicemann anzubaggern, dem ich herzlich egal war. Jeder aß und trank sehr viel und am Ende der Reise hatte ich eine Woche voller Erinnerungen, von denen ich noch nicht wusste, dass sie mein Leben für immer verändern würden.

Als wir aus Armenien zurückkamen, setzten sich unsere sehr begabten Redakteure mit unseren sehr begabten Autoren zusammen und lieferten eine Sondersendung ab, die ich voller Stolz allen zeigte, die ich liebte. Wir machten eine Vorführung, zu der ich 20 meiner Familienmitglieder einlud, und alle waren sehr zufrieden und stolz auf diese Episode.

Bis heute ist die Armenien-Episode der Serie *Conan Without Borders* einer der Momente, der mich seit der Zeit, in der ich für Conan arbeite, am meisten mit Stolz erfüllt. Aber wie geht das damit zusammen, dass ich die schlechteste Assistentin der Welt bin? Naja, es hat mich noch dreister gemacht. Vulture (*amerikanische Unterhaltungs-Website, Anm. d. Übers.*) hat »Conan in Armenien« zur besten von Conans internationalen Sondersendungen erkoren. Conan ist in Armenien jetzt eine Ikone, und wenn man in Montebello, Los Angeles, lebt, ist das etwas, das großartiger gar nicht sein kann.

Das Armenien-Special ist ein kleines Teilchen in einem Puzzle, das mir zusammengesetzt das Gefühl gibt, unbesiegbar zu sein. Ich kann das von heute aus rückblickend sagen, denn die Szene, die wir mit der armenischen Heiratsvermittlerin aufnahmen, wurde auf YouTube über sieben Millionen Mal aufgerufen. Ich habe ein weniger schlechtes Gewissen, wenn ich etwas vergesse, weil die Szene, in der wir einen Teppich kaufen, fast sieben Millionen Mal angesehen wurde. Conan war mit seiner Anerkennung des Genozids an den Armeniern seinem irischen Landsmann Präsident Joe Biden um fünf Jahre voraus, was ihn zum Wegbereiter für die Anerkennung von Verbrechen gegen die Menschlichkeit im Weltgeschehen macht.

Die Reise nach Armenien brachte mich nicht nur meinen Wurzeln näher, sondern rückte mich auch mehr ins Scheinwerferlicht. Monate nachdem die Sondersendung ausgestrahlt worden war, fuhr ich in der Rose Parade auf dem armenischen Wagen mit.

Ich habe bei vielen Benefizveranstaltungen gesprochen und kam in Kontakt mit Armeniern überall auf der Welt, die die Sondersendung gesehen haben. Nicht-Armenier habe mir gesagt, wie viel sie durch die Episode über meine Kultur gelernt hätten.

Von dem Moment an, in dem der Vorschlag kam, hatte ich mir Sorgen gemacht, welchen Eindruck die Sendung wohl machen würde. Wie konnte es irgendjemandem von den Autoren, Redakteuren, Rechercheuren oder selbst Conan so wichtig sein wie mir, wie diese Episode werden würde? Sie sind schließlich keine Armenier. Doch nachdem ich die ganze Episode gesehen hatte, wurde mir etwas klar: Jeder kann etwas Schönes über eine Kultur machen, wenn er sich dieser Kultur mit aufrichtiger Neugier nähert. Diese Männer und Frauen, die an der Episode mitwirkten, arbeiteten nicht nur unermüdlich, um dafür zu sorgen, dass sie wunderbar wurde, weil das ihre Arbeitseinstellung ist, sondern sie wollten auch sichergehen, dass ihr Respekt für diese Kultur deutlich wurde. Worauf ich bei der Armenien-Sondersendung am meisten stolz bin, ist, dass sie von Nicht-Armeniern gestaltet wurde, die damit beweisen, dass man etwas über eine andere Kultur machen kann, worauf jene, die Teil dieser Kultur sind, stolz sein können.

Einen Monat nachdem das Armenien-Special gesendet wurde, verstarb meine geliebte Yaya (Großmutter). Sie wird am Anfang der Episode gezeigt, als Conan mit meiner Familie über unsere bevorstehende Reise nach Armenien spricht. Diese Filmaufnahme, in der sie mit Conan darüber spricht, wie innig sie sich wünscht, dass ich einen Mann finde, ist für mich einer der wertvollsten Momente in dieser Episode. Ich habe jetzt eine perfekte Dokumentation darüber, was ihr in ihren letzten Lebensjahren wichtig war.

Ironischerweise führte mich die Episode auch tatsächlich zu meinem Ehemann. Im folgenden Jahr spazierte ich mit meinem Freund David Yeh durch die Kongresshalle auf der Comic-Con. Er traf dort seine Freundin Katie Stratton, die mit ihrem Freund

Tak Boroyan herumlief. Während David und Katie sich unterhielten, begannen Tak und ich zu reden, und er erkannte mich irgendwann von der Armenien-Episode. Wir verstanden uns auf Anhieb, aber ich war mir nicht sicher, ob er gerade mit Katie zusammen war, und ich wollte hier nicht dazwischenfunken. Am nächsten Tag, nach einigem Cyberstalking, fand ich heraus, dass er nicht nur Single war, sondern mir auch vor Monaten auf Facebook eine Freundschaftsanfrage geschickt hatte, nachdem er die Armenien-Episode gesehen hatte. Alles, was ich tat, war, seine Freundschaftsanfrage zu akzeptieren, und zwei Jahre später heirateten wir mit einer riesigen armenischen Hochzeit mit 550 von unseren engsten Freunden und Familienangehörigen. Yaya wäre sehr stolz gewesen.

## Corona

Während der elften Staffel von *Conan* trat eine weltweite Pandemie ein. Wir begannen im März mit einer Auszeit und haben nie wieder weitergemacht. Mir ist aufgefallen, dass Conan seine besten Gags immer unter extremem Druck produziert, fast so, als wäre ihm das Unerwartete gerade recht. Die Pandemie war eines dieser Dinge. Wir arbeiten auf dem Gelände der Warner Bros., und sie reagierten schnell mit einer Schließung, sobald die Zahlen der vom Covid-19-Virus Betroffenen zu steigen begannen.

Conan war klar, solange er weiterhin für Turner die Sendung produzieren würde, würde das gesamte Personal ohne Unterbrechung weiterbezahlt werden, also veranstaltete er ein Brainstorming. Unsere Autoren brachten alle Ideen ein, die man über Zoom leicht durchführen konnte, oder die sie in der Sicherheit ihres eigenen Zuhauses aufnehmen konnten, und unsere Agenten begannen nach Gästen zu suchen, die man virtuell interviewen konnte. In dieser Zeit wurde ich zu einer veritablen IT-Spezialistin. Eine kleine Gruppe von uns kam regelmäßig zu

Conan ins Haus, um ihm bei den technischen Aspekten der Aufnahme der Show zu helfen. Wir luden eine Teleprompter-App auf seinen Laptop herunter und kauften Stative, Leuchtringe, eine bessere Kamera für seinen Laptop. Es war eine Produktion auf College-Niveau, aber es funktionierte, weil die allgemeinen Erwartungen in der Anfangszeit der Pandemie so niedrig waren. Es gab Tage, an denen ich die einzige Person war, die in seinem Haus sein durfte, um ihn besser vor einer Ansteckung mit Corona zu schützen; also musste ich natürlich besonders vorsichtig sein, mit wem ich mich traf und wohin ich ging. Wenn Conan Corona bekam und es meine Schuld war, konnte die Produktion geschlossen werden, und das alles wegen mir. Nach allem, was das Team getan hatte, um dafür zu sorgen, dass wir weiter senden konnten, hätte ich mich nicht nur schuldig gefühlt, sondern ich erschauere bei dem Gedanken an die Gags, die Conan dann auf meine Kosten gebracht hätte.

Wir entwickelten ein System. Ich ging immer allein zu ihm nach Hause, um ihm bei den technischen Aspekten der Show zu helfen. Aber das ging nicht lange gut, und wir begannen, eine sehr abgespeckte Crew zu ihm nach Hause zu schicken, die ihm beim Drehen half. Nach ein paar Wochen Dreharbeiten in seinem Haus begannen wir, mit einer auf das Äußerste reduzierten Crew ins Largo Theater in West Hollywood zu gehen, und die Show dort aufzunehmen. Unser Field Producer Jason Chillemi musste täglich bei uns Temperatur und Sauerstoffgehalt messen. Wir mussten uns zweimal die Woche testen lassen. Es wurde unser neues Normal, aber in der ganzen Zeit, in der wir die Show im Largo aufnahmen, bekam keiner Corona. Es war alles andere als glamourös, aber es war ein Lichtblick für mich in einer Zeit, in der es nur wenige Highlights gab. Es war etwas, wo ich hingehen und was ich tun konnte, wenn die andere Option nur war, zu Hause zu bleiben.

Das Largo Theater ist nicht so schick wie unsere Bude bei Warner Bros. Es gibt hinter der Bühne zwei kleine Garderoben,

# WIE MAN SEINE SCHWANGERSCHAFT AM ARBEITSPLATZ AUSNUTZT

1. Besorgen Sie sich einen Chef, der fünf Geschwister hat und seine Mama liebt.

2. Werden Sie schwanger.

# SCHWANGERSCHAFT
## (FORTSETZUNG)

3. Kündigen Sie Ihre Schwangerschaft frühzeitig und lauthals an.

4. Fangen Sie an, „wegen Arztterminen" oft der Arbeit fernzubleiben.

# SCHWANGERSCHAFT
## (FORTSETZUNG)

5. Wenn Sie einmal schwanger sind, haben Sie ein Anrecht auf jegliches Essen im Büro.

6. Parken Sie Ihr Auto wie der Chef.

# SCHWANGERSCHAFT
## (FORTSETZUNG)

7. Überzeugen Sie die Personalabteilung, einen Assistenten für die Assistentin einzustellen.

8. Kassieren Sie ein anerkennendes Nicken von Ihrem Lieblingsstar.

ein kleines Badezimmer und einen kleinen Essbereich. Das ist auch schon alles, aber es ist unglaublich charmant und absolut beliebt bei der Comedy-Community. Der Eigentümer, Mark Flanagan (oder Flanny, wie ihn alle kennen), wurde in den Monaten, in denen wir dort Filmaufnahmen machten, ein guter Freund von mir. Ich kam dort um 11 Uhr an und ging mit Flanny Frühstück holen und für die Crew Kaffee bestellen bei einem total süßen Coffeeshop auf der anderen Straßenseite, der von freundlichen Neuseeländern geführt wurde; und dann saß ich an einem kleinen Tisch hinter der Bühne, wo ich meinen Laptop aufstellte und arbeitete. Auch wenn ich dafür von mir zu Hause eine Stunde einfach fahren musste, genoss ich die kleinen Momente der Normalität, die es mir bescherte, zur Arbeit zu gehen. Das war natürlich nur so lange, bis ich schwanger wurde.

Mein Mann und ich stellten Anfang November in jenem Jahr fest, dass ich schwanger war. Als wir zum ersten Ultraschall gingen, sahen wir zwei Fruchtblasen, aber nur ein Baby, also dachten wir, dass sich der andere Fötus einfach nicht richtig entwickelt hätte, und wir feierten den neuen Zuwachs, der im Juli 2021 in unser Leben treten würde.

In der folgenden Woche gingen wir noch mal zum Ultraschall und da waren jetzt auf einmal zwei Babys. Wir würden Zwillinge bekommen. Wir saßen in dem Zimmer und starrten einander eine Zeitlang nur an, um die Nachricht sacken zu lassen. Ich machte mir nicht nur Sorgen darüber, welche erdbebenartige Erschütterung das für unser Leben bedeuten würde, sondern auch darüber, wie mein Körper in den bevorstehenden Monaten belastet werden würde. Am Tag nachdem ich erfahren hatte, dass ich mit Zwillingen schwanger war, fuhren unser IT-Spezialist und guter Freund Chris Hayes und ich zu Conan, um ihm bei einer virtuellen Benefizveranstaltung an der Schule seiner Tochter zu helfen. Als wir dort ankamen, fragte Conan uns beide, ob wir ein Bier oder einen Wein wollten, und ich sagte nein. Conan fragte mich sofort, ob ich schwanger sei. Natürlich nahm mein Chef an, der einzige Grund, aus dem ich bei der Arbeit keinen Alkohol trinken wollte, müsse sein, dass ich schwanger war. Ich musste ihm also mitteilen, dass ich tatsächlich schwanger war. Mit Zwillingen. Er wusste es vor allen anderen. Von diesem Punkt an wurde es immer schwieriger, nach Largo zu kommen. Mein Geburtstermin war der 1. Juli 2021, dann würde ich meine Jungen per Kaiserschnitt bekommen. Ich wurde zunehmend schwanger und es wurde eine immer größere Last für mich, eine Stunde Auto zu fahren, um nach Largo zu kommen.

Aber Conans Show ging zu Ende.

Während der Pandemie kündigte Conan an, dass er *Conan* verlassen und stattdessen eine neue Show für HBO Max machen würde. Die letzte Show war am 24. Juni gewesen, eine Woche, bevor meine Jungen planmäßig auf die Welt kommen sollten. Ich wusste, ich konnte seine letzten Shows nicht verpassen, also machte ich pflichtbewusst weiter und fuhr jeden Tag von Altadena nach Hollywood. Bei einem Besuch bei meinem Frauenarzt fragte ich ihn, ob es in Ordnung wäre, wenn ich bis zu einem Monat vor Termin noch zur Arbeit ginge, und er sagte: »Ich wünschte wirklich, Sie würden das nicht tun.« Ich nahm seinen Appell als Vorschlag und ging weiter hin. Irgendwann wurde das Fahren zu mühsam und mein Mann musste mich zur Arbeit fahren. Während der letzten zwei Wochen der Shows wurde es für mich viel zu unangenehm, eine Stunde lang im Auto zu sitzen, also war ich schließlich gezwungen, etwas langsamer zu machen. Anstatt jeden Tag hinzugehen, ging ich zweimal die Woche hin. Meine Jungs hielten lange genug da drinnen aus, dass ich mir Conans letzte Sendung persönlich ansehen konnte.

David Hopping, Jeff Ross' Assistent und mein ehemaliger Produktionsassistent, übernahm für mich, während ich im Mutterschutz war. Es wurde schnell klar, dass er noch den Ehrgeiz hatte, seine Sache gut zu machen, der schon lange aus meiner Arbeitseinstellung verschwunden war. Er kümmerte sich um Details, um die ich mich nicht mehr kümmern konnte, besonders jetzt, da ich Mutter zweier Babys war. Als ich aus dem Mutterschutz zurückkam, sagte ich Conan, es wäre wohl das Beste, wenn David die meisten Aufgaben meines Jobs weiter übernahm, zum Beispiel sich um Conans Kalender zu kümmern, ihn auf Events und Dreharbeiten zu begleiten und sein erster Ansprechpartner zu sein. David wurde im Wesentlichen Conans Assistent, aber ich war ebenfalls noch da. Ich kam an den Punkt, an dem ich jemanden hatte, der den Großteil meiner Arbeit erledigte, während ich auf meiner Position blieb, sodass meine krumme Tour endlich ihr Ziel erreicht hatte. Der Schwindel war ein voller Erfolg. Ich hatte es geschafft.

In der Zeit, in der ich für Conan arbeitete, transformierte sich mein Leben. Ich begann als 26-Jährige, die es in der Welt des Fernsehens zu etwas bringen wollte. Ich war ein Partygirl, froh, Single zu sein, und kam oft mit einem Kater zur Arbeit. Ich hatte ein Kit mit einer Not-Ausstattung (Zahnbürste, Zahncreme, Deo et cetera) in einer meiner Schubladen, für den Fall, dass ich nicht die Zeit hätte, mich rechtzeitig vor der Arbeit wieder zu berappeln. Als ich mich vom Warner-Bros.-Gelände und unserer Show auf TBS verabschiedete, war ich eine 38-jährige verheiratete Frau, die mit Zwillingen schwanger war, und meine Not-Ausstattung hatte ich seit Jahren kaum gebraucht. In diesem Job machte ich die größten Veränderungen in meinem Leben durch, und je bequemer ich es mir machte, desto mehr litt die Arbeit darunter. Als ich begann, war ich aufgeregt, Teil von etwas Neuem zu sein, und wollte meine Sache unbedingt gut machen. Als wir den letzten Durchlauf von Conans Late-Night-Talkshow hinter uns hatten, hatte ich mich von einem hungrigen, naiven Mädchen zu einem bestens integrierten Mitglied der O'Brien-Familie entwickelt. Ich habe das Glück, für einen Menschen zu arbeiten, der nicht von mir erwartet, dass ich alles opfere, um ihn zufriedenzustellen, der mich ich selbst sein lässt und es mir erlaubt, auch mal etwas zu vermasseln, ohne dass er mir das Gefühl gibt, mich würden gleich ernste Konsequenzen erwarten.

Als ich Conans Assistentin wurde, hatte ich keine Ahnung, was mich erwartete. Ich war noch nie die persönliche Assistentin von jemandem gewesen und ich hatte nur Horror-Storys gehört. Ich erinnere mich noch: Als ich anfing, für Conan zu arbeiten, fragte ich Tom Supa, Jeff Ross' Assistent, was ich tun könne, um dafür zu sorgen, dass ich es im Job nicht vermasselte. Er riet mir, auf Nummer sicher zu gehen und alle Informationen über irgendetwas miteinzubeziehen, wenn ich etwas in Conans Kalender setzte oder seinen Kontakten hinzufügte. Ich nahm mir diesen Rat zu Herzen und fing an, mich voll und ganz in diesen Job einzubringen, und landete am anderen Ende mit unzähligen Erinnerungen und einem Freund fürs Leben. Und das, während ich kompromisslos ich selbst war, mit allen Ecken und Kanten. Ich wollte nicht von Anfang an die schlechteste Assistentin der Welt werden, aber ich habe daran gearbeitet, oder vielmehr nicht gearbeitet, und entdeckte dabei meine wahre Berufung. Es war nichts weniger als ein totaler Spaß und ich fühle mich geehrt, meine Expertise an Sie weitergeben zu dürfen. Viel Erfolg!

# EPILOG

IN DER ZEIT, IN DER ICH FÜR CONAN ARBEITETE, HATTE ich das Vergnügen, manches zu erleben, was man nur einmal im Leben erlebt, und diese Erlebnisse haben mir die Augen geöffnet. Und noch wichtiger, ich habe mit Conan eine Freundschaft geschaffen, die weit über die Zeit hinausgehen wird, in der ich bei ihm arbeite. Conan hat meine Familie besucht, als meine Großmutter gestorben war, er leitete die Hochzeitszeremonie meiner besten Freundin, er und seine Frau Liza organisierten meinem jetzigen Ehemann und mir eine wunderschöne Verlobungsparty, und er schrieb uns sogar ein Empfehlungsschreiben, um uns beim Kauf unseres Hauses zu helfen. Trotz der Dysfunktion gibt es da eine Zuneigung, und ich kann mir nicht vorstellen, die fürchterliche Assistentin von irgendjemand anderem zu sein.

Ich werde nie die Art Mensch sein, die ihr seelisches und physisches Wohlergehen einem Job opfern. Ich habe mir große Mühe gegeben, um sicherzustellen, dass mein Glück in dem, was ich tue und mit wem ich zusammenarbeite, für mich Priorität hat; wegen dieser Einstellung habe ich es geschafft, einen Job zu finden, auf den ich mich montags immer freue. Das hätte mit einem anderen Chef nie funktionieren können – mit einem, der von mir erwartet hätte, sehr viel von mir selbst zu opfern, um sein Leben leichter zu machen. Die traurige Wahrheit ist, es gibt da draußen noch immer sehr viele Menschen, die von ihren Mitarbeitern zu viel erwarten. Sie zahlen zu wenig und stellen übertriebene Anforderungen, und was dabei herauskommt, sind zynische Menschen, die diesen Zynismus weitertragen in das, was sie tun, wenn sie befördert werden (wenn sie jemals befördert werden).

Mir ist klar, was für ein Glück ich habe, aber wenn die schlechteste Assistentin der Welt zu sein bedeutet, dass ich ein soziales Leben, ein Privatleben und gleichzeitig ein erfüllendes Berufsleben habe, dann glaube ich doch, dass ich irgendetwas richtig gemacht habe.

Und nun entschuldigen Sie mich, ich muss jetzt mein Sudoku fertigmachen.

# DANKSAGUNG

Mein ganzes Leben war voller Menschen, die mir unfassbar wohlgesonnen waren und mir das Gefühl gaben, unbesiegbar zu sein. Ohne diese Menschen hätte ich nie das Gefühl gehabt, auch nur mit der Hälfte dessen durchzukommen, mit dem ich durchgekommen bin.

Zuallererst meine Familie. Es war ein großes Glück für mich, in die große, laute und eng verbundene armenische Familie geboren zu werden, in die ich geboren wurde. Als ich begann, dieses Buch zu schreiben, war ich frisch verheiratet. Als ich damit fertig wurde, war ich Mutter von neugeborenen Zwillingen. Meine Eltern Gulbenk (»Gil«) und Nadia sind jeden Tag zu mir gekommen und haben auf die Babys aufgepasst, damit ich dieses Buch fertigschreiben konnte. Doch das ist nur eines der vielen selbstlosen Dinge, die sie für mich in meinem Leben getan haben. Sie sind für mich jeden Tag ein Vorbild, um als frischgebackene Mutter zurechtkommen.

Auch wenn ich ihm schon einen ganzen Abschnitt gewidmet habe und er schon genug Anerkennung bekommen hat, muss ich erwähnen, wie wichtig mein Bruder für mich war. Danny hat meinen Sinn für Humor geprägt und ich hätte nie so viel von meinem Job gehabt, wenn er nicht gewesen wäre. Außerdem hat er mir mit Lucy eine wunderbare Schwägerin geschenkt. Und meine Nichten Ava und Juliana machen mich zur stolzesten aller Tanten und erfüllen mein Leben mit endloser Freude.

Und natürlich meine Tanten, Onkel, Cousins und Cousinen, Cousins und Cousinen zweiten und dritten Grades, Großcousins und Großcousinen, und alle, die irgendwie von meinem Blut sind. Auch ein großes Dankeschön an alle angeheirateten Cousins und Cousinen, mit denen ich nicht blutsverwandt bin (das wäre etwas seltsam). Ich habe Glück, dass mein Mann von so großartiger Herkunft ist.

Jedes Schulkind braucht das Gefühl, dass es jemandem wichtig ist, und ich hatte sehr viele Lehrerinnen und Lehrer, die mir in meiner gesamten Schulzeit diese Sicherheit gaben. Von Mrs. Edwards und Mrs. Hackett an der Grazide Elementary, die meine Neugier förderten, bis zu Mariam Samoniantz und Mrs. Malki an der Mesrobian, die mich ich selbst sein ließen, und Mr. Martin an der Glen A. Wilson High in Hacienda Heights, der mich in seinem Zimmer zu Mittag essen ließ, und alle, die noch dazwischen waren.

Da ich von Lehrern spreche, Liesel Reinhart, die ich auch in diesem Buch erwähnte, machte mir nicht nur Mut zum Sprechen vor Publikum, sondern hatte auch die Idee, dass ich dieses Buch schreiben könnte. Ein großes Dankeschön an Steve Seagle, der mich coachte und mit mir zusammen einige der besten Reden schrieb, die ich hielt, und mir half, viele meiner Ängste zu überwinden.

Seit ich meinen ersten Job bei Burger King hatte, hatte ich das Glück, mit einigen unglaublichen Menschen zusammenzuarbeiten, die immer auf mich aufpassten. Selbst meine Chefs an der Hollywood Bowl hätten nicht liebenswürdiger sein können. Jeder Auftritt, den ich hatte, lehrte mich etwas Wichtiges, das ich mir in jedem weiteren Job bewahrte, den ich danach hatte. Auf meinem Weg ergaben sich lebenslange Freundschaften mit vielen meiner Kollegen und Vorgesetzten. Die Arbeit fühlte sich nie mühsam an, wenn ich mich mit diesen Menschen zusammen in einem Arbeitsumfeld bewegte.

Ich weiß noch, wie ich von der Personalabteilung bei NBC Bescheid bekam, dass ich für Conan arbeiten würde, und bemerkte, dass Nate Kirtman, damals VP in der Werbeabteilung und einer meiner größten Fürsprecher, für mich ein höheres Gehalt aushandelte.

Ich weiß noch, dass Marc Liepis, mit dem die Zusammenarbeit eine Freude war, noch bevor ich überhaupt meinen Job bekam, mir sagte, er hätte Conan in meinem Sinne geschrieben, direkt vor meinem zweiten Bewerbungsgespräch.

Ich erlebte mit, wie manche meiner Arbeitskolleginnen und -kollegen ihre eigenen Lebenspartner fanden – manche heirateten, manche bekamen Kinder, manche kauften sich ein Haus. Wir alle wurden zusammen erwachsen und unsere Freundschaft war dabei immer eine Konstante.

Ein Riesen-Dankeschön an meine Conan-Familie – besonders Jeff Ross (für seine grenzenlose Unterstützung), Mike Sweeney (für sein Genie hinter der Kamera bei den Außendreharbeiten, in denen ich dabei war, ebenso wie für die Armenien-Episode), Matt O'Brien (für ein paar der besten Gags, in denen ich vorkomme), Jason Chillemi (dafür, dass er mir immer Rückendeckung gab), Adam Sachs (dafür, dass er mir zutraute, bei Conans Podcast mitzumachen), Matt Gourley (dafür, dass er mein Verbündeter und Freund ist), Tracy King und Sarah Federowicz (dafür, dass sie mich eingestellt haben und vieles mehr).

Ich weiß nicht, wo ich ohne meine Freunde wäre. Von meinen besten Freundinnen, die ich in der Vorschule und im Kindergarten kennenlernte, bis zu den neuen Freunden, die ich bei den Filmarbeiten in Largo während der Pandemie gewann: Ich war gesegnet mit den großartigsten und hilfsbereitesten Menschen der Welt. Nach meinen Schichten bei Burger King fuhr ich immer zu ihnen, um zu entspannen. Als ich ein Praktikum bei NBC bekam, feierten sie mit mir beim Abendessen. Als ich erfuhr, dass ich für Conan arbeiten würde, stießen sie in einer Bar mit mir darauf an. Als ich meinen Vertrag für dieses Buch unterschrieb, kauften sie mir Cupcakes und lasen meine Entwürfe. Besonderen Dank an Christina Guerboian, Veronica Siranosian, Angineh Storino, Erin Levy, Meghan Sinclair, Erica Brown, Lindsay Sheehan, Meredith Fitzpatrick, April Lamb und Brad Milison.

Danke an Aaron Bleyaert, Ruthie Wyatt, Tiffany Roohani, Jessie Gaskell und Gemma Paolo, und an alle vom Team Coco, dafür, dass ihr mir eure Fotos für den Fototeil zur Verfügung gestellt habt. Ich bin furchtbar schlecht darin, Erinnerungen festzuhalten, und ohne euch hätte ich keine Chance gehabt, mich zu erinnern, was ich seit 2009 gemacht habe.

Ein großes Dankeschön an das Team bei WME für die viele Hilfe. Rick Rosen ist viel zu wichtig und beschäftigt, um mir zu helfen, aber er hat es trotzdem gemacht, weil er ein wunderbarer Mensch ist. Und ein großes Dankeschön an Suzanne Gluck und besonders Andrea Blatt, die mir in diesem ganzen Entstehungsprozess die Hand hielten. Ich wäre eine komplette Katastrophe, wenn Andrea nicht wäre.

Danke an Christopher Sabec und Jody Siman bei Fox Rothschild LLP. Danke dafür, dass ihr mir durch einen Prozess hindurchgeholfen habt, der mir ansonsten Angst gemacht hätte.

An Cassidy Sachs und alle bei Plume – ich danke euch, dass ihr meiner Arbeit Zusammenhang gegeben habt, und dass ihr mit mir Geduld hattet, als ich versuchte, ein Buch zu schreiben, während ich gerade Mutter geworden war. Es war eine große Freude, mit euch allen zusammenzuarbeiten.

Eine freche Arbeitseinstellung, wie ich sie habe, setzt das Wissen voraus, dass es immer ein Sicherheitsnetz gibt. Ich weiß, es gibt sehr viele arbeitende Menschen, die nicht die Freiheit haben, zu tun, was sie wollen, weil sie keine andere Wahl haben. Ich kenne persönlich sehr viele Menschen, die in Jobs stecken, die sie fertigmachen, weil sie Hypotheken, Kinder und Verantwortung haben, die es nicht zulassen, dass sie Autorität einfach radikal missachten. Der Mut, mit dem ich mein Berufsleben angegangen bin, gründete immer auf dem Wissen, dass ich jederzeit wieder nach Hause ziehen konnte, dass ich immer die Menschen, die ich liebe, um finanzielle Unterstützung bitten konnte, und dass ich immer einen Weg finden würde, um wieder auf die Füße zu kommen, weil ich ihre Unterstützung immer haben konnte, wann immer ich sie brauchte. Es liegt eine begründete Kraft in dem Wissen, dass man nicht allein ist, und ich werde nie vergessen, was für ein großes Glück ich habe.

Und so habe ich auch immer jedem gesagt, mit dem ich ein Erstgespräch im Job führte, dass jeder von uns es verdient, gehört zu werden, und dass die Meinung jedes Menschen zählt. Ich weiß nicht, wohin mich mein Berufsleben führen wird, wenn Conan beschließt, in den Ruhestand zu gehen, was, wie ich hoffe, niemals sein wird, aber ich weiß, dass ich mich niemals mit einem Job zufriedengeben werde, bei dem es mir vor dem Montag graut. Ich werde nie ein *Cathy*-Cartoon sein.

Da ich von Conan spreche, so erwähne ich ihn in den Danksagungen nur, weil ich finde, dass es sich so gehört, aber dieses ganze Buch ist eigentlich ein dickes, fettes Dankeschön an ihn. Von dem Moment, als er mich einstellte, veränderte sich mein Leben, und ich werde den Rest davon damit verbringen, einen Weg zu suchen, wie ich ihm all das vergelten kann, was er für mich getan hat.

Und schließlich, ich weiß gar nicht, wie ich zu dem Glück kam, den Partner zu finden, den ich fand, aber ich hätte dieses Buch niemals ohne die Unterstützung und Kreativität meines Mannes schreiben können. Tak, ich liebe dich sehr und ich bin so glücklich, dass wir zusammen weitere Menschen gemacht habe. Ich weiß, du hasst öffentliche Liebeserklärungen, aber dass ich von der Comic-Con 2016 den späten Zug nach Hause genommen habe, war die beste Entscheidung, die ich je getroffen habe. Und Charlie und Mikey, ihr seid beide noch viel zu jung, um das jetzt zu lesen (oder um zu stehen oder zu laufen), aber ich will, dass ihr dies eines Tages lest und wisst, dass ich jede Entscheidung, die ihr trefft, immer unterstützen werde und dass ich immer da sein werde als euer Sicherheitsnetz. Ich liebe euch beide, und eure Mom zu sein, ist die beste Rolle, die ich je hatte.

Ob Sie in einem Drive-thru arbeiten oder die Assistentin einer Legende sind (oder selbst eine Legende sind), ich hoffe, Ihre Arbeit macht Sie ebenso zufrieden wie sie mich glücklicherweise gemacht hat. Sie verdienen es. Jeder verdient es. Auch wenn wir in dem, was wir tun, am schlechtesten sind.

# ÜBER DIE AUTORIN

**Sona Movsesian** war ab 2009 als Assistentin des bekannten US-amerikanischen Late-Night-Talkshow-Moderators Conan O'Brien tätig. Sie war u. a. in mehreren Episoden von »The Tonight Show with Conan O‹Brien« zu Gast und avancierte aufgrund ihrer albernen Art schnell zum Publikumsliebling. Seit 2018 ist sie Co-Moderatorin des Podcasts »Conan O'Brien needs a Friend« und spielt die Hauptrolle in Team Cocos IGTV-Show.